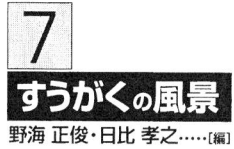

7
すうがくの風景
野海 正俊・日比 孝之……[編]

超幾何関数

原岡 喜重 ………[著]

朝倉書店

編 集 者

野海正俊（のうみまさとし）　神戸大学大学院自然科学研究科
日比孝之（ひびたかゆき）　大阪大学大学院理学研究科

ま え が き

　これは，超幾何関数と呼ばれる一つの特殊関数が，自らの力で成長していく物語です．

　超幾何関数は，「関数」として考えると解析学，特に複素関数論や微分方程式論の対象ですが，整数論や保型関数論，極小曲面論，確率論，統計学，物理学など実に様々な分野と深い関わりを持つ非常に特別な関数です．国が違うと文化も異なるように，分野が違うとものの見方・考え方にも違いが現れるのですが，超幾何関数には，文化の違う異分野たちの間を結ぶ架け橋となる可能性があります．

　それと同時に，超幾何関数はそれ自身が非常に面白い対象です．超幾何関数は解析関数の一つで，解析関数というのは，定義域の任意の1点の近くにおける挙動（局所挙動と言います）から定義域全体での挙動（大域挙動と言います）が決まってしまう，という著しい性質を持つのですが，実際に具体的な大域挙動を知ることのできる関数は，多項式，有理関数，指数関数，対数関数，三角関数など，高校でも習うような初等関数と呼ばれるグループ以外ではほとんどありません．ただし初等関数の大域挙動は，それぞれの由来からわかるものです．たとえば指数関数では加法公式

$$e^{x+y} = e^x e^y$$

を利用することで，また三角関数では周期性

$$\sin(x+2\pi) = \sin x, \quad \cos(x+2\pi) = \cos x, \quad \tan(x+\pi) = \tan x$$

などを利用することで，$x=0$の近くでの挙動と遠くでの挙動の関係がつき，その結果として大域挙動がわかるのです．一方超幾何関数においては，このよう

な単純な公式は成り立ちません．それにもかかわらず，局所挙動である Taylor 展開だけから，ずうっと遠くの挙動がわかるのです．そのあり様は絶妙で，様々な技巧が活躍します．しかもそれがすべて一つの Taylor 展開から出てくることに，驚きを禁じ得ません．

　この本の前半では，超幾何関数の Taylor 展開から大域挙動をつかまえる話をします．Taylor 展開＝級数という第一の顔が種となり，微分方程式と積分表示という第二，第三の顔が生まれ，その三つの顔がそれぞれの役割を果たして，超幾何関数の姿が明らかになっていきます．

　このような素敵な関数を，もっとたくさん見つけたいと思います．できることなら，すべて見つけてしまいたい．この本の後半では，超幾何関数の三つの顔を手がかりにして，その夢に挑戦します．すべてとは言わないまでも，ほかにも超幾何関数のような関数を手に入れたいという試みは数多くなされてきました．超幾何関数の仲間を見つけること自体を目的とする試みもあります．またたとえば整数論における「Kronecker 青春の夢」というのがあって，虚 2 次体と呼ばれる代数体に対しては，その Hilbert 類体と呼ばれる重要な拡大が，楕円 modular 関数という解析関数のある点における値（特殊値という）を添加することで構成されるのですが，楕円 modular 関数は超幾何関数の比の逆関数としてとらえられます．そこで，ほかの代数体に対しても虚 2 次体における楕円 modular 関数の役割を担う関数を見つけたい，というのは非常に興味深い問題で，この問題に「ほかの」超幾何関数を見つけるという方向から取り組みたい，という試みもあるのです．あるいはまた，なぜ超幾何関数ではいろいろなことが分かってしまうのか，ということを解明するために，超幾何関数の特徴を一つ一つ敷衍し，どこまで超幾何関数の特徴が遺伝するかを調べる，という考え方もあります．そうこうして超幾何関数の仲間たちがいろいろ見つかってくるうちに，それらを統一的にとらえるという考え方が現れてきました．どのような視点で統一するかということにより，様々な理論が生まれてきます．本書では，三つの顔—級数展開，積分表示，微分方程式—それぞれを視点として採用した理論を紹介します．このほかにも，たとえば隣接関係式の視点からの統一理論など，様々な理論がありえます．

　この本を執筆中に，微分方程式の視点からの統一理論に，大きな進展が得ら

れました．それにより三つの顔にそれぞれ注目した三つの統一理論の関係が，明らかになりつつあります．この最新の結果についても，その概略をお伝えしようと思います．

　それでは，超幾何関数のビルドゥングス・ロマンを始めましょう．

　2002 年 9 月

原 岡 喜 重

凡　　例

1. $\mathbf{Z}, \mathbf{R}, \mathbf{C}$ はそれぞれ整数全体の集合，実数全体の集合，複素数全体の集合を表す．また $\mathbf{Z}_{\leq 0}, \mathbf{Z}_{\geq 0}$ は，それぞれ 0 以下および 0 以上の整数の集合を表す．$\mathbf{C}^\times$ は 0 以外の複素数全体の集合を表す．
2. 混乱の恐れがない場合には，虚数単位として記号 i を用いた．添字の i と区別する必要がある場合は，$\sqrt{-1}$ を用いた．
3. I_n は n 次単位行列を表す．

目　　次

0. 雛　形 1

1. 超幾何関数の三つの顔 32
   1.1 級数展開 32
   1.2 微分方程式 39
   1.3 積分表示 51

2. 超幾何関数の仲間を求めて 65
   2.1 級数を変形してみる 65
   2.2 積分表示を変形してみる 75
   2.3 合　流 79

3. 積分表示 87
   3.1 命題 1.3.2 の証明 87
   3.2 局所系係数の homology・cohomology 91
   3.3 Grassmann 多様体上の超幾何関数 100
   3.4 合流型超幾何関数 113

4. 級数展開 128
   4.1 アイデア 128
   4.2 GKZ 超幾何関数 133
   4.3 GKZ 超幾何関数の積分表示 143

5. 微分方程式 152
5.1 Accessory parameter 152
5.2 Rigid 局所系 156
5.3 Okubo 型方程式 164
5.4 Okubo 型方程式の拡大・縮小 171

あとがき 183

参考文献 186

索　引 191

編集者との対話 195

0
雛　　形

　超幾何関数は，現代数学の理論体系ができるよりずっと昔から研究されてきました．その研究が，逆にいろいろな理論の発展を促してきたのです．しかし我々にとっては，研究の跡を歴史的にたどるより，現在の理論体系を用いた方が超幾何関数の理論の全貌がすっきりと見渡せると考えられます．その際に特に大きな役割を果たすのは，複素関数論です．そこでこの第 0 章において，複素関数論の内容の中から後に必要となる事柄を紹介することにしました．

　狂言回しとして，超幾何関数の弟分に登場してもらいます．この弟分は，超幾何関数の重要な要素をすべて受け継いでいるのですが，兄（姉?）の超幾何関数に比べて役不足は否めません．だから超幾何関数の面白さを味わうには，第 0 章を飛ばして第 1 章から読み始め，必要に応じて第 0 章をのぞき見る，という読み方も良いかもしれません．そのように，この第 0 章は適当に利用していただければと思います．

　α を実数とし，関数

$$f_\alpha(x) = (1-x)^\alpha$$

を考えます．この関数がどこで定義されるのかを考えてみましょう．

　もし α が 0 以上の整数なら，$f_\alpha(x)$ は多項式になりますからあらゆる実数 x に対して定義されます．またもし α が負の整数なら，$\alpha = -n$ とおくと

$$f_\alpha(x) = \frac{1}{(1-x)^n}$$

ですから，$f_\alpha(x)$ の定義域は $\{x \in \mathbf{R} ; x \neq 1\}$ となります．それ以外の場合，たとえば $\alpha = 1/2$ とすると，$f_\alpha(x) = \sqrt{1-x}$ なので，その定義域は区間 $(-\infty, 1)$

となります[*1]. 一般に $\alpha \notin \mathbf{Z}$ に対する $f_\alpha(x)$ の定義をきちんと書くと,

$$f_\alpha(x) = (1-x)^\alpha = e^{\alpha \log(1-x)} \qquad (0.1)$$

となるのでした. これが定義されるためには, $\log(1-x)$ が定義されなくてはなりませんから, $1-x > 0$, したがって $x < 1$ が得られるのです.

α の値によって $f_\alpha(x)$ の定義域がいろいろ変わることは不思議ではありません. しかし定義 (0.1) を見ると, 戸惑いを禁じえません. (0.1) は $\alpha \notin \mathbf{Z}$ の場合の定義でしたが, その右辺自体は α が整数になるのを禁じておらず, 普遍的な表示になっています. そこで α が整数か整数でないかに関わらず, (0.1) の右辺をもって $f_\alpha(x)$ の定義とする, という方が自然に思えます. そう思うと, なぜ α が整数のとき $f_\alpha(x)$ の定義域が違ってくるのか, その理由が定義式 (0.1) 自体に現れていなくてはなりませんが, どうもそのようには見えません.

別の方法で戸惑ってみましょう. $f_\alpha(x)$ を微分すると

$$f'_\alpha(x) = -\alpha(1-x)^{\alpha-1} = \frac{-\alpha}{1-x} f_\alpha(x)$$

となりますから, $y = f_\alpha(x)$ は微分方程式

$$(1-x)y' + \alpha y = 0 \qquad (0.2)$$

の解になります. 詳しく言うと, $f_\alpha(x)$ は微分方程式 (0.2) の初期条件 $y(0) = 1$ に対する解です. 別な初期条件 $y(0) = c$ に対する解は $cf_\alpha(x)$ となり, $f_\alpha(x)$ の定数倍になっています. これらはいずれも $(-\infty, 1)$ を定義域とします. ところで微分方程式 (0.2) を見ると, $x = 1$ というのが特別な点になっているみたいではありますが, それを境とする二つの区間 $(-\infty, 1)$ と $(1, +\infty)$ のうち, 前者が定義域に選ばれる理由はとくに見受けられません.

戸惑ってばかりおらず, 少し実験してみましょう. $\alpha = 1/2$ として (0.2) の $x > 1$ における解を考えます. たとえば初期条件 $y(2) = 1$ を課して解を求める

[*1] 細かいことを言えば, $\alpha > 0$ のときは $f_\alpha(x)$ は $x = 1$ で値 0 をとりますので, 定義域は $(\infty, 1]$ とすることも可能です. またたとえば $\alpha = 1/3$ の場合など, たまたま $x > 1$ でも定義される場合もあります. しかし $x = 0$ における微分可能性を考えると, いずれの場合にも定義域を $(-\infty, 1)$ とする方が都合が良く, またそれがいかに自然な見方か, ということがこれから明らかになっていきます.

と，$y = \sqrt{x-1}$ が得られます．これを強引に $f_\alpha(x)$ と関係づけようとすると，

$$y = \sqrt{x-1} = \sqrt{(-1)(1-x)} = i\sqrt{1-x} = if_\alpha(x)$$

となりそうで*1)，やはり $f_\alpha(x)$ の定数倍になりましたが，その定数は定数でも複素数になってしまいました．

このように考えてくると，自然な表示 (0.1) やごくふつうの微分方程式 (0.2) に比べて関数 $f_\alpha(x)$ の定義域が自然でない決まり方をするように思えるのは，考える数の範囲を実数に限っているからであるということに気づきます．$f_\alpha(x)$ のような関数は，変数 x も α もそして $f_\alpha(x)$ の値も複素数の範囲で考えることで，はじめて本来の姿が明らかになるのです．どのようにして複素数の世界に広げていくか，これから説明していきましょう．

第一の方法は，表示 (0.1) を用いるものです．(0.1) の右辺に現れる指数関数 e^x と対数関数 $\log x$ を，複素数に対しても定義することができれば，表示 (0.1) により $f(x)$ も複素数の範囲で定義されることになります．そこで，複素変数の指数関数と対数関数を定義しましょう．

複素変数の指数関数　指数関数を複素数の範囲にまで拡張するには，Taylor 展開を用います．e^x の $x = 0$ における Taylor 展開は，

$$e^x = \sum_{n=0}^{\infty} \frac{x^n}{n!}$$

ですが，この右辺は x が複素数でも意味を持ち，かつあらゆる複素数 x に対して絶対収束します．そこでこの右辺をもって複素変数の指数関数の定義とします．この定義から，ベキ級数の計算により，加法定理

$$e^{x+y} = e^x e^y$$

が $x, y \in \mathbf{C}$ に対しても成立することが従います*2)．また $\theta \in \mathbf{R}$ として $e^{i\theta}$ を考えます．$\sin\theta, \cos\theta$ の $\theta = 0$ における Taylor 展開*3)と見比べることで，

---
*1)　この計算だけでは，$\sqrt{-1}$ が i なのか $-i$ なのかを決めることができない．それを決める方法はこれから説明される．
*2)　たとえば [杉浦, 第 III 章 §3] などを参照．
*3)　$\sin\theta = \sum_{m=0}^{\infty} \frac{(-1)^m}{(2m+1)!}\theta^{2m+1}$, $\cos\theta = \sum_{m=0}^{\infty} \frac{(-1)^m}{(2m)!}\theta^{2m}$

$$e^{i\theta} = \cos\theta + i\sin\theta \tag{0.3}$$

が成り立つことが分かります．これより特に，$|e^{i\theta}|^2 = \cos^2\theta + \sin^2\theta = 1$ となりますから，

$$|e^{i\theta}| = 1$$

が従うことに注意しておきます．これらを使うと，複素変数の指数関数の具体的表示が得られます．$x = \text{Re}(x) + i\text{Im}(x)$ ですから，

$$e^x = e^{\text{Re}(x)}e^{i\text{Im}(x)} = e^{\text{Re}(x)}\left(\cos(\text{Im}(x)) + i\sin(\text{Im}(x))\right)$$

となります．

複素変数の対数関数 対数関数は，指数関数の逆関数として定義しましょう．つまり

$$y = \log x \Leftrightarrow x = e^y$$

により $\log x$ を定義したいのです．そのためには，$x \in \mathbf{C}$ を与えたときに，$x = e^y$ となる $y \in \mathbf{C}$ が一意的に決まってくれないといけません．ところでいま導入した複素変数の指数関数を利用すると，複素数 x をその絶対値 $|x|$ と偏角 $\arg x$ を用いて $x = |x|e^{i\arg x}$ と表すことができます．そこで $x = e^y$ となる $y \in \mathbf{C}$ があったとすると，

$$|x|e^{i\arg x} = e^{\text{Re}(y)}e^{i\text{Im}(y)}$$

ということになり，両辺の絶対値をとると $|x| = e^{\text{Re}(y)}$，したがってまた $e^{i\arg x} = e^{i\text{Im}(y)}$ が得られます．これよりまず

$$\text{Re}(y) = \log|x|$$

となりますので，これは $x \neq 0$ であれば定義されます．さて $e^{i\arg x} = e^{i\text{Im}(y)}$ から $\text{Im}(y)$ を決めたいのですが，ここに困難があります．(0.3) と三角関数の周期性により，

$$e^{i\theta} = e^{i\varphi} \Leftrightarrow \varphi = \theta + 2n\pi \quad (n \in \mathbf{Z})$$

となりますので，$e^{i\arg x} = e^{i\operatorname{Im}(y)}$ からは $\operatorname{Im}(y) = \arg x + 2n\pi\ (n \in \mathbf{Z})$ しか結論できません．つまり整数 n を決めない限り，$y \in \mathbf{C}$ は一意的には決まらないのです．あるいはこの不定性は，もともとの $\arg x$ の不定性そのものであると見ることもできます．

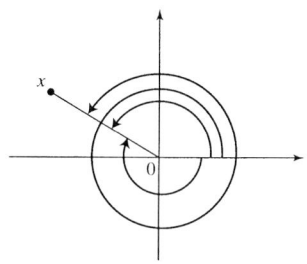

図 0.1　$\arg x$ のいろいろな測り方

図 0.1 のように，複素数の偏角は，2π の整数倍の不定性を持っているからです．その意味では，不定性を持つものとして $\operatorname{Im}(y) = \arg x$ と定めることも可能です．まとめますと，

$$\log x = \log |x| + i \arg x \tag{0.4}$$

ということになり，ただし右辺の $\arg x$ は 2π の整数倍を加えるという不定性を持つ，と了解するのです．この段階では，対数関数は，関数とはいっても値が一つには定まらない関数もどきでしかありません．この関数もどきから，値が一つに定まる意味のある関数を作るには，次のようにします．

対数関数の値が不定性を持つのは，複素数の偏角が不定性を持つからでした．そこでまず 0 以外の任意の点 x_0 をとり，その偏角 $\arg x_0$ を（無数にあるうちから）一つ選びます．そして x_0 の近くにある点の偏角を，いま選んだ $\arg x_0$ に近い値ということで決定します．すると x_0 の近傍においては偏角が確定し，したがって対数関数の値が定まります．たとえば -2 を複素数と思うと，その偏角として可能な値は

$$\pi,\ -\pi,\ 3\pi,\ -3\pi,\ 5\pi, \ldots$$

のように無数にあります．そのうちから一つ選びます．たとえば $\arg(-2) = -\pi$ を選んだとしましょう．図 0.2 を見て下さい．-2 の近くの点 x に対しては，その偏角は，図 0.2 の θ を用いると $\pi + \theta, -\pi + \theta, 3\pi + \theta, \ldots$ と無数の可能性がありますが，いま決めた $\arg(-2) = -\pi$ に近い値ということで，$\pi + \theta$ でも $3\pi + \theta$ でもなく，$-\pi + \theta$ を採用することになります．このように偏角を決めることで，対数関数は連続関数となります．そしてこのようにある点の近傍での対数関数の値を決めることを，対数関数の「分枝を決める」と言います．

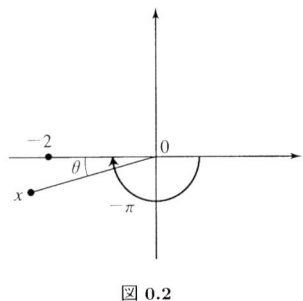

図 0.2

さて問題は，x_0 から離れた点における偏角の決め方です．$x_1 (\neq 0)$ を x_0 から離れた点とすると，いくら $\arg x_0$ の値を決めておいても，それだけでは $\arg x_1$ を決める材料にはなりません．そこで補助手段として，x_0 と x_1 を結ぶ道を一つ設けます．x がこの道を x_0 から x_1 へ向けて移動すると，$\arg x$ の値ははじめは $\arg x_0$ に近い値ということで，少し進んだあとは直前の偏角の値に近い値ということで順次決まっていき，ついには $\arg x_1$ の値が決まります．言い換えると，$\arg x$ の値がこの道の上で連続的に変化するという条件から，$\arg x_1$ の値が決まるのです．

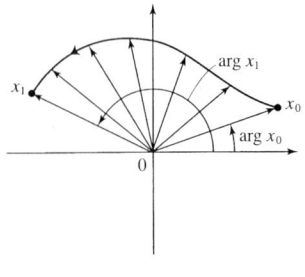

図 0.3

では道が違うとどうなるでしょうか．図 0.4 のように x_0 から x_1 へ到る道を 3 本考えます．

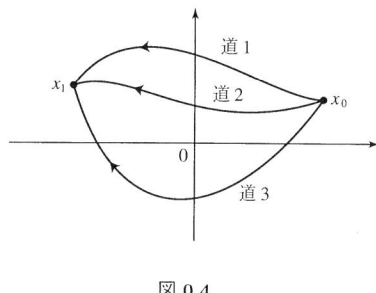

図 0.4

道 1 に沿っていった場合と道 2 に沿っていった場合は，同じ偏角となります．しかし道 3 に沿っていった場合には，偏角の値が 2π ほどずれてしまいました．

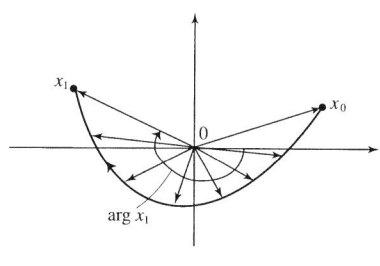

図 0.5

これからまず分かることは，点 x_1 を指定しただけではその偏角は決まらない，基準になる点 x_0 と x_1 を結ぶ道も込めて指定して初めて，$\arg x_1$ が決まる，ということです．つまり我々は，対数関数を考えるときは，点だけではなく，点と道のセットを変数として扱う必要があるのです．

では道 2 と道 3 の違いはどこにあるのでしょうか．$\arg x_1$ の値を道 2 に沿って決めると道 1 に沿った場合と同じ値になるのに，道 3 に沿って決めると違う値になります．その理由は，図 0.5 を見ると気づくように，道 1 と道 2 の間には原点 0 が入っておらず，道 1 と道 3 の間には原点 0 が入っているということ

にあります．これは原点0のまわりを正の向き（反時計回り）に一周すると偏角が 2π ふえる，という簡単な事実の反映です．

このように考えてくると，対数関数を考えるときは変数として点と道のセットを採用しなくてはなりませんでしたが，その場合道としては具体的な道は必要ではなく，原点0のまわりをどっち向きに何回回って来たかという，回転数だけが分かれば十分だということです．このように原点0は，そのまわりを回ることで対数関数の値に違いを生じさせますので，「分岐点」と呼ばれます．

問1 $\arg 1 = 0$ と指定する．図0.6の道1および道2に沿って決まる対数関数の値 $\log(-1)$ をそれぞれ求めよ．

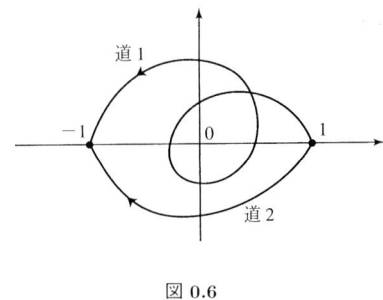

図 0.6

こうして e^x と $\log x$ を複素数に対して定義できましたので，(0.1) により $(1-x)^\alpha$ を定義しましょう．ただし今度は $x, \alpha \in \mathbf{C}$ で考えるのです．すると

$$(1-x)^\alpha = e^{\alpha \log(1-x)} = e^{\alpha(\log|1-x| + i\arg(1-x))}$$

となります．この関数を確定するには，$\log(1-x)$ の分枝を決める必要があります．上で説明した手順に則り決めていきましょう．

$x = 0$ とすると，$1 - x = 1$ となりますが，この右辺の1を複素数と思ってその偏角を指定します．選択肢は $2n\pi$ ($n \in \mathbf{Z}$) です．とりあえず $n = 0$，すなわち $\arg 1 = 0$ を選びましょう．これで $x = 0$ の近くでの $(1-x)^\alpha$ の値が確定しました．このことも $(1-x)^\alpha$ の分枝を決めると言います．

こうして確定した関数 $(1-x)^\alpha$ の定義域は，とりあえずは $x = 0$ の近傍な

のですが，どこまで広げることができるでしょうか．指数関数 e^x はあらゆる複素数 x に対して定義されます．対数関数 $\log x$ は，$x \neq 0$ なるあらゆる複素数 x に対して定義されますが，ただしこの場合 x だけでなく基点から x へ到る道も込めて変数と思う必要があるのでした．よって関数 $(1-x)^\alpha$ の定義域については，次の二つのとらえ方ができるでしょう．値が一つには確定しないかもしれないという点に目をつむれば，関数 $(1-x)^\alpha$ は $x \neq 1$ なるあらゆる複素数 x に対して定義されるということになり，複素数とそこへ到る道のセットを変数と思えば，道とセットになった $x \neq 1$ なるあらゆる複素数 x に対して定義されるということになります．前者のとらえ方を，関数 $(1-x)^\alpha$ は $\mathbf{C} \setminus \{1\}$ 上の「多価関数」である，と言い表します．また後者のとらえ方では，道とセットになった $x \neq 1$ なるあらゆる複素数 x の集合には $\mathbf{C} \setminus \{1\}$ の「普遍被覆面」と言う名前がついていて，記号では $\widetilde{\mathbf{C} \setminus \{1\}}$ と書かれるので，関数 $(1-x)^\alpha$ は $\widetilde{\mathbf{C} \setminus \{1\}}$ 上の関数である，と言い表すことができます．

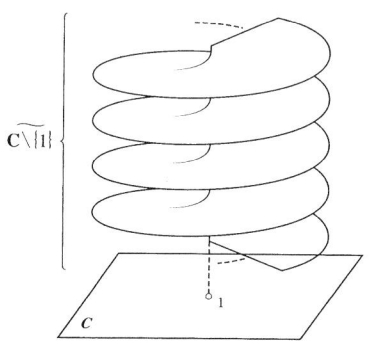

図 0.7　$\mathbf{C} \setminus \{1\}$ とその普遍被覆面 $\widetilde{\mathbf{C} \setminus \{1\}}$

さて関数 $f_\alpha(x) = (1-x)^\alpha$ の「多価性」を具体的に見てみましょう．$x = 0$ における値は

$$e^{\alpha(\log 1 + i \arg 1)} = e^{\alpha(0 + i \cdot 0)} = e^0 = 1$$

となっています．0 に近い点 x_0 における値は，$\arg(1 - x_0) = \theta_0$ が $\arg 1 = 0$ に近いということで決まります（図 0.8 参照）．なお，複素数 $1 - x_0$ の偏角は，

x_0 を始点 1 を終点とするベクトルの傾きで与えられることを思い出しておきましょう．

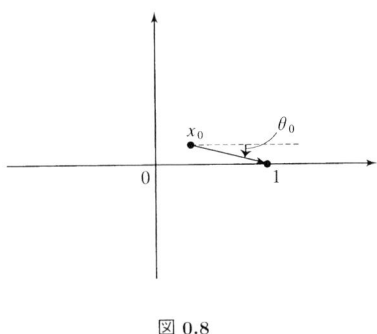

図 0.8

$\log(1-x)$ の分岐点は，$1-x=0$ となる点なので $x=1$ になります．そこで x_0 を出発し，分岐点 1 のまわりを正の向きに一周して x_0 へ戻ってくる道 L を考えます．はじめの x_0 を (x_0, ϕ) で表し，L に沿って旅をして再びたどり着いた x_0 を (x_0, L) で表して区別することにします．

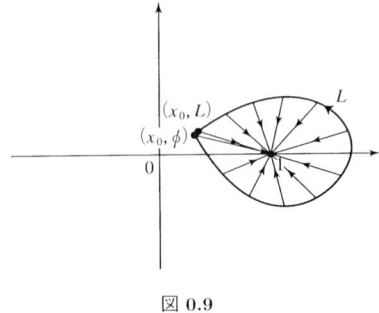

図 0.9

すると図 0.9 より，

$$\arg(1-(x_0,L)) = \arg(1-(x_0,\phi)) + 2\pi$$

となることが分かります．このことから，関数 $(1-x)^\alpha$ の値については，

$$(1-(x_0,L))^\alpha = e^{\alpha(\log|1-x_0|+i\arg(1-(x_0,L)))}$$
$$= e^{\alpha(\log|1-x_0|+i(\arg(1-(x_0,\phi)+2\pi)))}$$
$$= e^{2\pi i\alpha} e^{\alpha(\log|1-x_0|+i\arg(1-(x_0,\phi)))}$$
$$= e^{2\pi i\alpha}(1-(x_0,\phi))^\alpha$$

となることが分かります．つまり関数の値は，道 L に沿って旅をする前と後とでは，$e^{2\pi i\alpha}$ 倍だけ違ってくるのです．この数はよく出てくるので，記号を与えておきましょう．

記号 $\qquad\qquad\qquad e(\alpha) = e^{2\pi i\alpha}$

これでやっと，なぜ α が整数か否かで関数 $f_\alpha(x) = (1-x)^\alpha$ の定義域が違ってくるのかの説明がつけられます．(0.3) に注意すると，$e(\alpha) = 1$ となるのは α が整数のときに限ることが分かります．このときは関数 $f_\alpha(x)$ の値は，分岐点 1 のまわりを何回回ろうと変化しません．つまり $f_\alpha(x)$ は本当に $\mathbf{C} \setminus \{1\}$ で定義される関数になるのです．α が整数でないときは，$e(\alpha) \neq 1$ となりますから，分岐点のまわりを回ることで関数の値が変化してしまい，$f_\alpha(x)$ は多価関数となってしまいます．ただし x を実数として $x < 1$ の範囲に限っておけば，x は分岐点 1 のまわりを回ることができませんから，一度決めた分枝がずっと通用し，$f_\alpha(x)$ はふつうの関数となります．

今までは定義式 (0.1) を基にして関数 $f_\alpha(x)$ を複素変数に広げる方法を話してきましたが，第二の方法として，微分方程式 (0.2) を使うという手もあります．微分方程式 (0.2) において，x, α および y の値を複素数と思うのです．複素数は足し算，引き算，掛け算，割り算の四則演算について閉じていますから，微分方程式 (0.2) をそのまま複素数の範囲で考えても支障はなさそうです．ところがただ一つ，正確な意味付けを要する演算がまじっています．それは「微分」です．(0.2) の左辺には y' が現れますが，それは関数 $y(x)$ を変数 x に関して微分したものという意味です．したがって (0.2) を複素数の範囲で考えようとすると，複素変数の関数の微分というものを扱わなくてはならなくなるのです．

実変数の関数に対する微分の定義を思い出しましょう．関数 $f(x)$ の $x = x_0$

における微分は

$$f'(x_0) = \lim_{x \to x_0} \frac{f(x) - f(x_0)}{x - x_0} \qquad (0.5)$$

で与えられました．微分の図形的な意味は，関数 $y = f(x)$ のグラフの $x = x_0$ における接線の傾きであり，物理的な意味は，$f(x)$ が時刻 x における位置を表す関数の場合には，時刻 x_0 における速度なのでした．

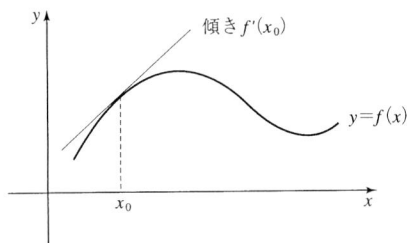

図 0.10

　この定義を複素変数の場合にまで広げようと思います．複素変数複素数値の関数 $y = f(x)$ のグラフを描こうと思うと，変数も値も 2 次元の量ですから，$2 + 2 = 4$ 次元空間の中に描くことになり，その接線の傾きなどいったいどんなものなのか想像もつきません．また時刻 x_0 における速度ととらえようとすると，そもそも複素数が表す時刻というものに何らかの意味をつけなければなりません．時間は過去から未来へ一直線に，すなわち実数を表す数直線上を流れるということで少なくとも古典物理学はできていますから，複素数的な時間に対して物理的あるいは哲学的な解釈が必要になるでしょう．そんなややこしいことをせずに，やはり定義 (0.5) を用いるのが賢明です．

　(0.5) の右辺の分数は，四則演算だけで書かれていますから，すべて複素数と思っても何ら支障はありません．問題は $\lim_{x \to x_0}$ です．さらに詳しく言うと，$x \to x_0$ の部分です．実数の範囲内では，$x \to x_0$ は x が x_0 に右あるいは左から限りなく近づく，という状態を表し，言い換えると

$$|x - x_0| \to 0$$

ということです．

図 0.11

複素数にも絶対値がありますから，$x \to x_0$ の意味を $|x - x_0| \to 0$ であると了解することにすれば，$\lim_{x \to x_0}$ の意味が確定します．しかし複素数にすると，$|x - x_0| \to 0$ が表す内容は，実数の場合と大きく異なります．複素数は 2 次元的な量なので，x が x_0 に近づく方向が，右と左の 2 方向だけでなく，無限にあるのです．図 0.12 に $|x - x_0| \to 0$ を実現するパターンをいくつか挙げてみました．

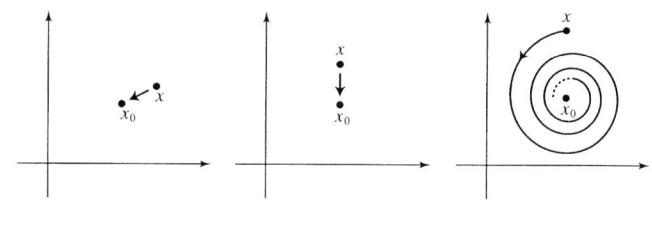

図 0.12

この違いは実は非常に大きなものです．というのは，微分可能とは (0.5) の右辺の極限値が存在することとするのですが，その意味を詳しく言うと，x が x_0 にどんな近づき方をしても共通の極限値となるということです．すると，複素数の場合には x が x_0 に近づく近づき方は実数の場合と比べて格段に多様なので，どんな近づき方をしても共通の極限値となるというのはとてもきつい条件になるのです．そのため，ごく性質の良い素直な関数だけが複素変数関数として微分可能（複素微分可能と言う）になります．複素微分可能な関数を「正則関数」と呼びます．正則関数は複素微分可能という厳しい条件で選ばれたものなので，多くの著しい性質を示し，その微積分学は実変数関数の微積分とは全く異なった様相を呈します．正則関数に対する微積分学を「関数論」とか「複

素関数論」とか「複素解析学」などと呼びます.

その様子を, 少し見てみましょう.

複素変数 x を, 実部虚部を用いて

$$x = s + it$$

と表します. また関数 $f(x)$ の値も, その実部虚部を用いて

$$f(x) = u + iv$$

と表します. ここで u, v は複素数 x を変数とする関数ですが, x は実部 s と虚部 t できまるので, u, v は s, t を変数とする実 2 変数関数と思うことができます. これを $u(s, t), v(s, t)$ と表します. $f(x)$ が複素微分可能とすると, 上で注意したことから, たとえば x が x_0 に左右から近づいたときの極限値と上下から近づいたときの極限値は一致しなければなりません. $x_0 = s_0 + it_0$ とおくと, x が x_0 に左右から近づくという状態は

$$t = t_0, \quad |s - s_0| \to 0$$

と表され, また上下から近づくという状況は

$$s = s_0, \quad |t - t_0| \to 0$$

と表されます.

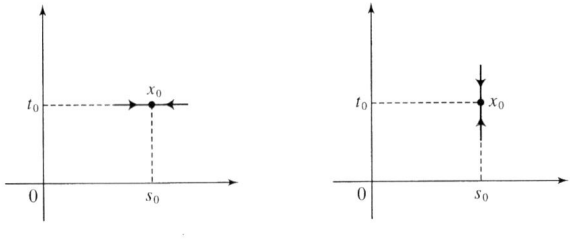

図 0.13

そこで二つの極限値が一致するという条件を書いてみましょう.

$$\lim_{s \to s_0} \frac{u(s,t_0) + iv(s,t_0) - (u(s_0,t_0) + iv(s_0,t_0))}{s - s_0}$$
$$= \lim_{t \to t_0} \frac{u(s_0,t) + iv(s_0,t) - (u(s_0,t_0) + iv(s_0,t_0))}{it - it_0}$$

両辺の実部・虚部を取り出すと,

$$\lim_{s \to s_0} \frac{u(s,t_0) - u(s_0,t_0)}{s - s_0} = \lim_{t \to t_0} \frac{v(s_0,t) - v(s_0,t_0)}{t - t_0}$$
$$\lim_{s \to s_0} \frac{v(s,t_0) - v(s_0,t_0)}{s - s_0} = -\lim_{t \to t_0} \frac{u(s_0,t) - u(s_0,t_0)}{t - t_0}$$

となります. 2変数関数の偏微分の定義を思い出していただくと, これらは

$$\frac{\partial u}{\partial s} = \frac{\partial v}{\partial t}, \quad \frac{\partial v}{\partial s} = -\frac{\partial u}{\partial t} \tag{0.6}$$

と表されます. (0.6) は, **Cauchy-Riemann 方程式**と呼ばれる基本的な方程式です. Cauchy-Riemann 方程式は正則関数が満たすべき必要条件でしたが, 逆に十分条件でもあることが示されます. これを使ってどんな関数が正則関数で, どんな関数が正則関数ではないか, 調べてみましょう.

まず n を正の整数とするとき, 単項式 x^n は正則関数です. これは実変数の微積分のときと同様に, (0.5) の極限が存在することを確かめることで分かります. よってさらに, 単項式の和である x の多項式も正則関数です. さらに, x のベキ級数 $\sum_{n=0}^{\infty} a_n x^n$ も, それが一様絶対収束する範囲内で, 項別微分が許されることにより正則関数になります. したがって特に, ベキ級数で与えられた指数関数 e^x は正則関数であることが分かりました. では x の複素共役 $\bar{x}$ は正則関数になるでしょうか. (0.6) を用いて調べてみます. $\bar{x} = s - it$ ですから, $u(s,t) = s, v(s,t) = -t$ となります. すると

$$\frac{\partial u}{\partial s} = 1, \quad \frac{\partial v}{\partial t} = -1$$

となり, (0.6) を満たしませんので $\bar{x}$ は正則関数ではありません.

対数関数 $\log x$ が正則関数になることは, 次のようにして確かめられます. 複素数 x を表すのに, 実部・虚部 (s,t) を用いる代わりに, 絶対値と偏角を用いることもできます. これらの間には, 次の関係式が成り立ちます. $|x| = r, \arg x = \theta$ とおきましょう.

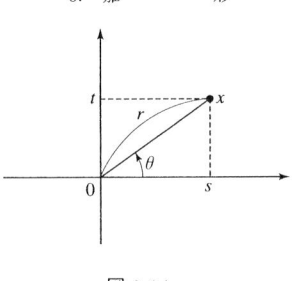

図 0.14

$$s = r\cos\theta, \quad t = r\sin\theta$$

この関係式により Cauchy-Riemann 方程式 (0.6) に対して変数変換 $(s,t) \to (r,\theta)$ を行うと，(0.6) は次の方程式に変わります．

$$\frac{\partial u}{\partial r} = \frac{1}{r}\frac{\partial v}{\partial \theta}, \quad \frac{\partial u}{\partial \theta} = -r\frac{\partial v}{\partial r} \tag{0.7}$$

さて複素変数の対数関数の定義 (0.4) より，$u = \log r, v = \theta$ となりますから，これらが (0.7) を満たすことは明らかです．したがって対数関数 $\log x$ は Cauchy-Riemann 方程式を満たすので，正則関数になります．

複素微分を考えたので，今度は複素積分を考えましょう．実変数の関数の積分

$$\int_a^b f(x)dx$$

では，積分変数 x は区間 $[a,b]$ 上を動きました．複素変数の関数では，変数 x は複素平面内の領域を 2 次元的に動きますから，考える積分は重積分になるような気がします．しかし複素微分と相性が良いのは重積分ではなく，積分変数が複素平面内の領域の中を 1 次元的に動くような積分です．それは次のようなものです．

D を複素平面内の領域とします．「領域」とはきちんと定義される概念ですが[*1)]，ここでは広がりを持った集合という程度に理解して下さい．領域 D 内になめらかな曲線 L を与えます．曲線 L は媒介変数表示を持つとします．つまりある区間 $[a,b]$ 上で定義された複素数値関数 $\varphi(t)$ があって，t が $[a,b]$ 上を動くとき，$\varphi(t)$ が曲線 L 上を動く，ということになっているとします．$\varphi(a)$ を L の始点，$\varphi(b)$ を L の終点と言います．

[*1)] 連結な開集合のこと．

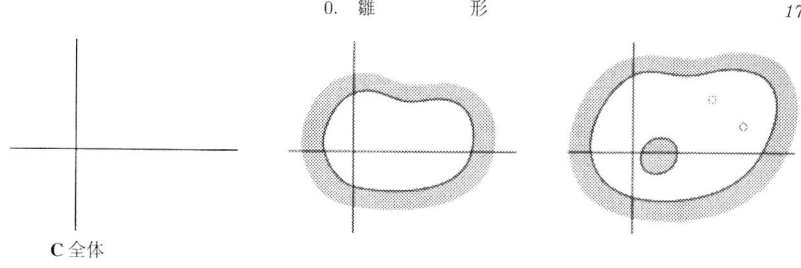

図 0.15　いろいろな領域

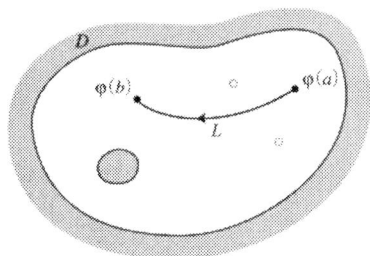

図 0.16

領域 D 上で定義された正則関数 $f(x)$ の，曲線 L 上の線積分というものを，次で定義します．

$$\int_L f(x)dx = \int_a^b f(\varphi(t))\frac{d\varphi(t)}{dt}dt$$

この右辺の積分は複素数値関数の積分ですが，積分変数は実数の区間 $[a,b]$ を動くので，実部と虚部に分ければ，ふつうの実変数関数の積分で書けます．左辺を見ると想像がつくように，この積分の値は曲線 L と被積分関数 $f(x)$ だけで決まり，曲線 L の媒介変数表示 $\varphi(t)$ の取り方にはよりません．このことは置換積分を用いると証明できます．

さて，複素関数論の要は，この複素積分に関する Cauchy の積分定理と呼ばれる定理です．始点と終点が一致する曲線を閉曲線と言います．

定理（Cauchy の積分定理）　$f(x)$ を領域 D 上で正則な関数とする．L を D 内

の閉曲線とし，L の内側の領域はすべて D の点からなるとする．このとき

$$\int_L f(x)dx = 0$$

が成り立つ．

定理の中の「L の内側の領域はすべて D の点からなる」という条件は，絵で表せば次のような状況です．

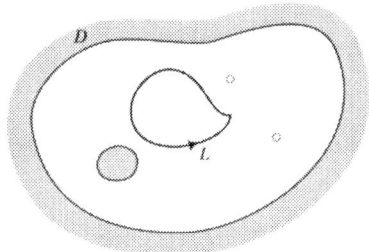

図 0.17

この定理の証明はここではできませんが，次のように考えればわりと自然な主張であると思えるのではないでしょうか．今もし $f(x)$ の原始関数，つまり $F'(x) = f(x)$ となるような関数 $F(x)$ があったとすると，合成関数 $F(\varphi(t))$ を考えそれを t で微分してみると，

$$\frac{d}{dt}F(\varphi(t)) = F'(\varphi(t))\frac{d\varphi(t)}{dt} = f(\varphi(t))\frac{d\varphi(t)}{dt}$$

となりますから，$F(\varphi(t))$ が $f(\varphi(t))d\varphi(t)/dt$ の原始関数となり，したがって

$$\int_L f(x)dx = F(\varphi(b)) - F(\varphi(a)) = 0$$

が得られるのです．ただしここで L が閉曲線であること，つまり $\varphi(a) = \varphi(b)$ を使いました．

この定理の重要な帰結として，Cauchy の積分公式があります．

定理（Cauchy の積分公式） $f(x)$ は領域 D で正則，L を D 内の閉曲線で L の内側の領域はすべて D の点からなるとする．このとき L の内側の領域に属する任意の x に対して，

$$f(x) = \frac{1}{2\pi i}\int_L \frac{f(\xi)}{\xi-x}d\xi$$

が成り立つ．

以上のようにして，複素変数関数の微分積分ができることになりましたので，微分方程式 (0.2) を解く話に進むことができます．ただし (0.2) のような形の微分方程式の理論については次の第 1 章で詳しく扱いますので，ここでは上で導入した複素微分・複素積分がどのように使われるかという説明は残念ながら省き，第 1 章の結果[*1)]だけを先取りして (0.2) に適用することにします．すると，微分方程式 (0.2) は $\mathbf{C}\setminus\{1\}$ 上で定義されるので，(0.2) のあらゆる解はその普遍被覆 $\widetilde{\mathbf{C}\setminus\{1\}}$ で定義されるということになります．したがって (0.2) の一つの解である $f_\alpha(x) = (1-x)^\alpha$ の定義域が $\widetilde{\mathbf{C}\setminus\{1\}}$ になるということが分かりました．

今まで関数 $f_\alpha(x) = (1-x)^\alpha$ の自然な定義域を求めて，複素数の世界へ広げる方法を二つ挙げてきました．最後に第三の方法を紹介しましょう．

第三の方法は Taylor 展開を利用するもので，すでに第一の方法の中で複素変数の指数関数を構成する際に用いた考え方です．$f_\alpha(x) = (1-x)^\alpha$ の $x = 0$ における Taylor 展開は

$$f_\alpha(x) = \sum_{n=0}^{\infty} \binom{\alpha}{n}(-1)^n x^n \qquad (0.8)$$

で与えられます．ただし

$$\binom{\alpha}{n} = \frac{\alpha(\alpha-1)\cdots(\alpha-n+1)}{n!}$$

です．(0.8) の右辺のベキ級数はどのような x に対して収束するでしょうか．それに対しては，次の命題が答えを与えてくれます．

[*1)] 定理 1.1.1

命題 0.1[*1)]　ベキ級数 $\sum_{n=0}^{\infty} a_n(x-c)^n$ に対して，極限
$$r = \lim_{n\to\infty} \frac{|a_n|}{|a_{n+1}|}$$
が存在すれば，このベキ級数は $|x-c| < r$ となる x に対しては絶対収束し，また $|x-c| > r$ となる x に対しては発散する．

　r の値としては $+\infty$ も許されます．$r = +\infty$ のときは，あらゆる x に対して収束するということになります．この r のことを収束半径と呼びます．証明は脚注に挙げた参考文献などに任せてここではいたしませんが，絶対値の性質が本質的に使われるということを注意しておきます．

　この命題を (0.8) のベキ級数に適用すると，その収束半径が 1 であることが分かります．したがって (0.8) のベキ級数は，$|x| < 1$ なる x に対して収束することになり，$f_\alpha(x)$ は少なくとも $(-1, 1)$ で定義されることが分かります．でもこれは狭すぎますね．$f_\alpha(x)$ の表示を見ただけで，その定義域が $(-\infty, 1)$ であることは分かったのでした．

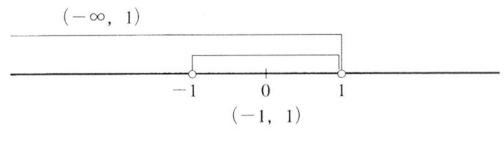

図 0.18

しかも命題によると，ベキ級数は $|x| > 1$ なる x に対しては発散してしまうので，(0.8) の左辺の関数は $(-\infty, 1)$ で定義されているにもかかわらず，右辺のベキ級数はそれより狭い $(-1, 1)$ でしか意味を持たないのです．これは一見おかしな現象ですが，同じものでも表現が異なればその適用範囲が異なることがあり得ますから，矛盾というわけではありません．それどころか，この現象を逆に見れば，おもしろい可能性を示唆していることに気づきます．はじめに (0.8) の右辺が与えられていたとするのです．するとその定義域は $(-1, 1)$ しかありません．ところがそれが (0.8) の左辺に等しいということから，定義域が「自然に」$(-\infty, 1)$ にまで広がるのです．「自然に定義域が広がる？」そんなことはふつ

[*1)]　[杉浦, p.169, 定理 2.2]

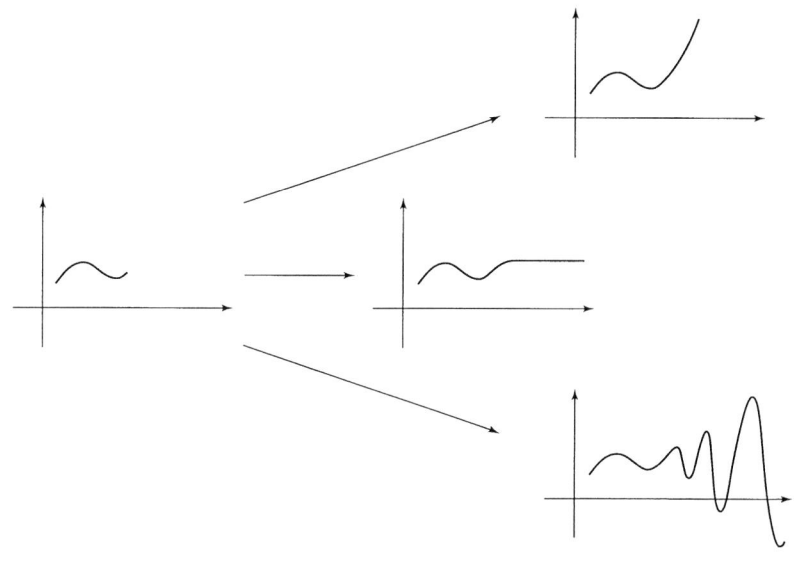

図 0.19

うの連続関数や微分可能関数を考えているときにはありえない話です．ある範囲で定義された関数のグラフを，その範囲の外に延ばすのは，つなぎ目のところのなめらかさを確保することに注意しさえすれば，あとは全く自由にできます．ところが考える関数の範疇をうまく限ると，定義域が自然に広がり，はじめの定義域の外での関数の値が決まってしまうのです．このような現象を「解析接続」と言い，これは超幾何関数の理論にとっても要となる部分で，本書のテーマでもあります．そしてこの場合の関数の範疇とは，実は正則関数の範疇であり，したがって複素数の世界で考えて初めて現れる現象なのです．

少し先走りすぎました．(0.8) の Taylor 展開では，右辺のベキ級数の収束域と左辺の定義域がずれているという話をしていました．そのずれを少し解消することができます．Taylor 展開する点をずらしてみるのです．たとえば $x = -1$ において $f_\alpha(x) = (1-x)^\alpha$ を Taylor 展開しましょう．Taylor 展開の公式

$$f(x) = \sum_{n=0}^{\infty} \frac{f^{(n)}(a)}{n!}(x-a)^n$$

を用いてもできますが，既知の展開式に持ち込むのが楽です．

$$f_\alpha(x) = (1-x)^\alpha$$
$$= (2-(x+1))^\alpha$$
$$= 2^\alpha \left(1 - \frac{x+1}{2}\right)^\alpha$$
$$= 2^\alpha \sum_{n=0}^\infty \binom{\alpha}{n}(-1)^n \left(\frac{x+1}{2}\right)^n$$
$$= \sum_{n=0}^\infty 2^\alpha \binom{\alpha}{n}\left(-\frac{1}{2}\right)^n (x+1)^n$$

となります. すなわち,

$$f_\alpha(x) = \sum_{n=0}^\infty 2^\alpha \binom{\alpha}{n}\left(-\frac{1}{2}\right)^n (x+1)^n \tag{0.9}$$

この右辺のベキ級数の収束半径は，命題 0.1 を適用すると，2 になることが分かります．

問 2 これを示せ．また (0.8) の右辺のベキ級数の収束半径が 1 であることも示せ．

すると今度は，ベキ級数が定義される範囲が $|x+1| < 2$, すなわち $-3 < x < 1$ ということになり，区間で表せば $(-3, 1)$ ですから，(0.8) のベキ級数が定義される範囲 $(-1, 1)$ より広がり，$(-\infty, 1)$ に少し近づきました．さらに一般に，$b > 0$ として，点 $x = -b$ において Taylor 展開すれば，収束半径が $b+1$ となることが分かりますから，ベキ級数の定義域が $(-2b-1, 1)$ と広がり，よって $-b$ をどんどん数直線の左側へ持っていけば，極限として $(-\infty, 1)$ が得られることにもなります．

図 0.20

こうして Taylor 展開をする点をずらしていくことで，その定義される範囲

を広げていくことができましたが，もともと関数 $f_\alpha(x)$ は $(-\infty, 1)$ で定義されることが分かっていたのですから，このままではこの方法は何も新しい結果をもたらしません．ところがこれを複素数の範囲で考えてみると様相は一変します．(0.8) の右辺をはじめ，いろいろな点で Taylor 展開して得られたベキ級数は，α や x が複素数としても定義されます．そして命題 0.1 のところでコメントしたように，この命題の主張は絶対値の性質を用いて示されますので，x や α が実数でも複素数でも同様に成り立ち，したがって収束半径の概念も，絶対値を複素数の絶対値と読み変えれば，そのまま通用するのです．よってたとえば (0.8) の右辺のベキ級数は，$|x| < 1$ となる複素数 x に対して収束します．こう見ると，いろいろな点での Taylor 展開を考えることで，$f_\alpha(x)$ の定義域は複素平面の領域にどんどん広がっていくのです．図 0.20 と図 0.21 を比べてみて下さい．$-b$ をどんどん数直線の左側へ持っていくことで，結局複素平面の半平面 $H_1 = \{x \in \mathbf{C}\,;\,\mathrm{Re}(x) < 1\}$ 全体が定義域となることが分かります．

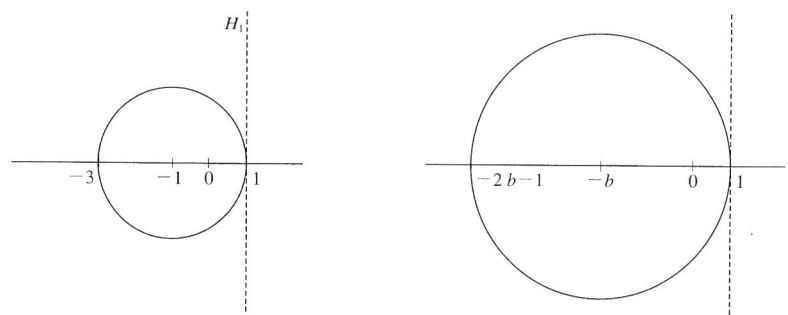

図 **0.21**

これだけではありません．関数 $f_\alpha(x) = (1-x)^\alpha$ をどうせ複素数の範囲で考えるのですから，Taylor 展開する点も実数に限定する必要はないのではないかと考えられます．こう考えることで，もっと定義域を広げていくことができるのです．

「種」として，(0.9) の右辺の Taylor 展開を使いましょう．いま，$x = -1$ を始点として，$x = 1$ の上側を通り $x = 2$ に到る，$x = 1/2$ を中心，半径 $3/2$ の半円 L を考えます．(L のような道を持ち出す意味は，あとで明らかになり

ます.) 上で注意したように, (0.9) の右辺は領域 $D_1 = \{x \in \mathbf{C}; |x+1| < 2\}$ で収束します. そこで $D_1 \cap L$ 上にある点 b_1 を一つ選び, $f_\alpha(x)$ を $x = b_1$ で Taylor 展開してみようと思います.

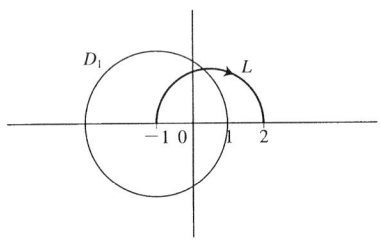

図 **0.22**

ところが複素変数関数に対する Taylor 展開は, 複素関数論の理論の中では定理として確立されていますが[*1)], 微積分の範囲では扱えません. そこで, 計算だけで新しい展開を求めることにしましょう. 我々は $x = b_1$ での展開がほしいので, (0.9) の右辺の展開をいじって $(x - b_1)$ に関するベキ級数を構成すればよいことになります. そこで二項定理を使い,

$$(x+1)^n = (x - b_1 + (1 + b_1))^n$$
$$= \sum_{k=0}^{n} \binom{n}{k} (1+b_1)^{n-k} (x-b_1)^k$$

と表しておいて, これを (0.9) の右辺の展開式に代入するのです.

$$\sum_{n=0}^{\infty} 2^\alpha \binom{\alpha}{n} \left(-\frac{1}{2}\right)^n (x+1)^n$$
$$= \sum_{n=0}^{\infty} 2^\alpha \binom{\alpha}{n} \left(-\frac{1}{2}\right)^n \sum_{k=0}^{n} \binom{n}{k} (1+b_1)^{n-k} (x-b_1)^k$$
$$= \sum_{k=0}^{\infty} (x-b_1)^k \sum_{n=k}^{\infty} 2^\alpha \binom{\alpha}{n} \binom{n}{k} \left(-\frac{1}{2}\right)^n (1+b_1)^{n-k}$$

ここで

[*1)] Cauchy の積分定理を用いて証明できる.

$$\binom{\alpha}{n}\binom{n}{k} = \frac{\alpha(\alpha-1)\cdots(\alpha-n+1)}{n!} \cdot \frac{n!}{k!(n-k)!}$$
$$= \frac{\alpha(\alpha-1)\cdots(\alpha-k+1)}{k!} \cdot \frac{(\alpha-k)\cdots(\alpha-n+1)}{(n-k)!}$$
$$= \binom{\alpha}{k}\binom{\alpha-k}{n-k}$$

に注意すると,

$$\sum_{n=k}^{\infty} 2^{\alpha} \binom{\alpha}{n}\binom{n}{k} \left(-\frac{1}{2}\right)^n (1+b_1)^{n-k}$$
$$= \sum_{n=k}^{\infty} 2^{\alpha-k+k} \binom{\alpha}{k}\binom{\alpha-k}{n-k} \left(-\frac{1}{2}\right)^{n-k+k} (1+b_1)^{n-k}$$
$$= 2^k \binom{\alpha}{k}\left(-\frac{1}{2}\right)^k \sum_{n=k}^{\infty} 2^{\alpha-k} \binom{\alpha-k}{n-k} \left(-\frac{1}{2}\right)^{n-k} (1+b_1)^{n-k}$$
$$= 2^k \binom{\alpha}{k}\left(-\frac{1}{2}\right)^k \sum_{m=0}^{\infty} 2^{\alpha-k} \binom{\alpha-k}{m} \left(-\frac{1}{2}\right)^m (1+b_1)^m$$
$$= \binom{\alpha}{k}(-1)^k f_{\alpha-k}(b_1)$$

となります. 最後の等号では, 展開式 (0.9) で α を $\alpha-k$ に読み変えたものを用いました. さらにここで,

$$f_{\alpha-k}(b_1) = \frac{f_\alpha(b_1)}{(1-b_1)^k}$$

が成り立ちます. これは実変数関数であれば, ふつうの指数定理 $(1-x)^{\alpha-k}(1-x)^k = (1-x)^\alpha$ に他なりませんが, いまの我々の計算の流れの中では, $f_\alpha(x)$ や $f_{\alpha-k}(x)$ は展開式 (0.9) で定義されるものとしていますので, 指数定理を流用することはできません. 展開式 (0.9) に基づいて証明しましょう. 分母を払った $f_{\alpha-k}(b_1)(1-b_1)^k$ を計算してみると, $(1-b_1)^k = (2-(1+b_1))^k$ には二項定理を適用することで,

$f_{\alpha-k}(b_1)(1-b_1)^k$
$$= \sum_{\ell=0}^{\infty} 2^{\alpha-k}\binom{\alpha-k}{\ell}\left(-\frac{1}{2}\right)^{\ell}(1+b_1)^{\ell}\sum_{m=0}^{k}\binom{k}{m}2^{k-m}(-(1+b_1))^m$$
$$= \sum_{n=0}^{\infty}(1+b_1)^n \sum_{\substack{\ell+m=n \\ 0\leq m\leq k}} 2^{\alpha-k}\left(-\frac{1}{2}\right)^{\ell} 2^{k-m}(-1)^m \binom{\alpha-k}{\ell}\binom{k}{m}$$
$$= \sum_{n=0}^{\infty} 2^{\alpha}\left(-\frac{1}{2}\right)^n (1+b_1)^n \sum_{\substack{\ell+m=n \\ 0\leq m\leq k}} \binom{\alpha-k}{\ell}\binom{k}{m}$$

となります.ここで実は

$$\sum_{\substack{\ell+m=n \\ 0\leq m\leq k}} \binom{\alpha-k}{\ell}\binom{k}{m} = \binom{\alpha}{n} \tag{0.10}$$

が成り立ちます.この式は,数学的帰納法で証明できるのかもしれませんが,母関数を使った証明が簡潔です.以下少しの間, x は $x<1$ なる実数, α も実数とします.すると今度は指数定理が使えますので,

$$(1-x)^{\alpha-k}(1-x)^k = (1-x)^{\alpha}$$

が成り立ちます.この両辺をたとえば $x=0$ で Taylor 展開しましょう.左辺は

$$(1-x)^{\alpha-k}(1-x)^k = \sum_{\ell=0}^{\infty}\binom{\alpha-k}{\ell}(-x)^{\ell}\sum_{m=0}^{k}\binom{k}{m}(-x)^m$$
$$= \sum_{n=0}^{\infty}(-x)^n \sum_{\substack{\ell+m=n \\ 0\leq m\leq k}}\binom{\alpha-k}{\ell}\binom{k}{m}$$

となり,一方右辺は (0.8) の通り

$$(1-x)^{\alpha} = \sum_{n=0}^{\infty}\binom{\alpha}{n}(-x)^n$$

となります.これらが等しいことから,展開式の各係数が等しくなり,(0.10) が成り立つことが示されました.ただしいまの計算では α を実数としていまし

たので，複素数 α に対しても (0.10) が成り立つことはまだ言っていませんが，(0.10) の両辺は α に関する多項式ですから，恒等式として当然 α が複素数であっても成り立つことが分かります．(0.10) も用いていままでの計算結果をまとめると，次のようになります．

$$\sum_{n=0}^{\infty} 2^{\alpha} \binom{\alpha}{n} \left(-\frac{1}{2}\right)^n (x+1)^n = \sum_{k=0}^{\infty} f_{\alpha-k}(b_1) \binom{\alpha}{k} (-1)^k (x-b_1)^k$$
$$= \sum_{k=0}^{\infty} f_{\alpha}(b_1) \binom{\alpha}{k} \left(\frac{-1}{1-b_1}\right)^k (x-b_1)^k$$

つまり，$x=-1$ を中心とする (0.9) の右辺のベキ級数を変形して，$x=b_1$ を中心とするべき級数を構成することができました．新しいベキ級数の収束半径を計算してみると，$|1-b_1|$ という値になります．つまりこのベキ級数は，

$$D_2 = \{x \in \mathbf{C}; |x-b_1| < |1-b_1|\}$$

という領域で定義されるものなのです．二つの領域 D_1 と D_2 を比べてみましょう．領域 D_2 が領域 D_1 をはみ出すのみならず，半平面 H_1 からもはみ出すことが分かりました．

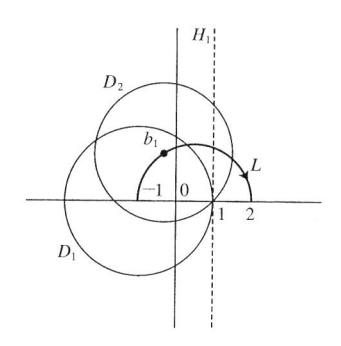

図 0.23

さて今度は $D_2 \cap L$ 上の点 b_2 を，b_1 より L の終点 $x=2$ に近いように一つ選び，$x=b_2$ での展開を，上と同じ手順で構成してやります．すると新しく得られたベキ級数は，さらに H_1 の右側にはみ出た領域 D_3 で定義されることが分かります．この操作を続けていくと，最終的に L の終点 $x=2$ を中心とする

ベキ級数展開が得られます．

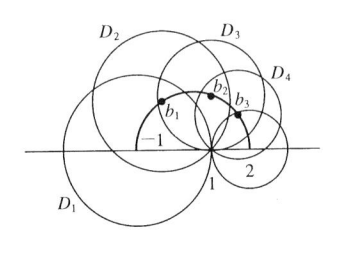

図 0.24

これを，$f_\alpha(x)$ の曲線 L に沿った解析接続と言います．そしてこの曲線に沿った解析接続は，第一の方法のところで説明した道に沿って関数の値を決めるという話と，本質的に同じものなのです．

それを見るには，今度は $x = -1$ を始点として，$x = 1$ の下側を通り $x = 2$ に到る，$x = 1/2$ を中心，半径 $3/2$ の半円 L' を考え，上と同じ手順で曲線 L' に沿った解析接続を構成してやればよいです．

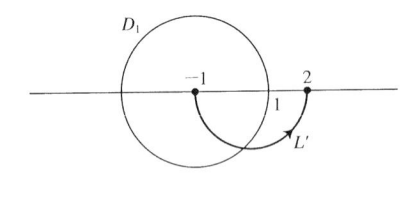

図 0.25

L に沿った解析接続と L' に沿った解析接続では，両方とも $x = 2$ を中心とするベキ級数になりますが，値が $e(\alpha)$ 倍だけ異なることが分かるでしょう．

こうしていろいろなベキ級数を構成し，収束半径を計算してきましたが，収束半径を決定する原理がありそうだということに気づかれた方もいるかもしれません．$x = 0$ を中心とするベキ級数 (0.8)，$x = -1$ を中心とするベキ級数 (0.9)，あるいは $x = b_1$ を中心とするベキ級数の収束域 D_2 などを眺めると，すべて「分岐点」$x = 1$ までの距離を半径とする円板が収束域になっているのです．

0. 雛 形

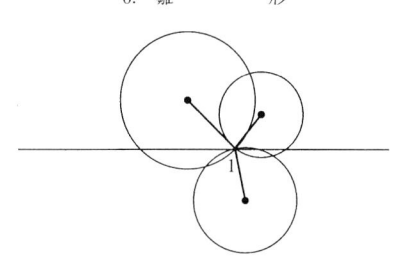

図 0.26

この原理はどの点を中心とするベキ級数でも成り立ちますので，こうして関数 $f_\alpha(x)$ は，分岐点 $x=1$ を複素平面から除いた領域 $\mathbf{C} \setminus \{1\}$ を定義域とする多価関数，別な言い方では普遍被覆面 $\widetilde{\mathbf{C} \setminus \{1\}}$ を定義域とする関数，に広がることが分かりました．

なお以上の議論の根底には，解析接続の一意性があります．始点と終点を共有し，間に分岐点を挟むような2本の道に沿った解析接続から多価性が生じるのですが，間に分岐点を挟まないような2本のお互いに近い道に対しては，それぞれに沿った解析接続は同じものとなります（図0.4参照）．この一意性により，多価性についてもきちんと議論することができるのです．そしてこの一意性は，正則関数の著しい性質である一致の定理に由来します．

定理（一致の定理） $f(x), g(x)$ は領域 D で正則とする．D の開部分集合 U 上で $f(x) = g(x)$ となるならば，D 全体で $f(x) = g(x)$ が成り立つ．

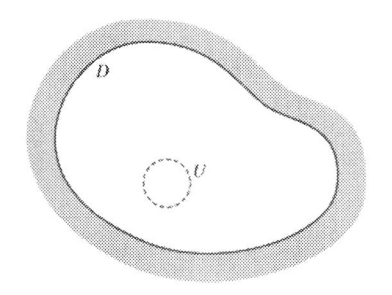

図 0.27

この定理は，正則関数がその定義域の任意の点において Taylor 展開されることを用いて証明されます．

超幾何関数の雛形として関数 $f_\alpha(x) = (1-x)^\alpha$ を採り上げ，これを題材に，これからの本論で現れてくるいろいろな概念を説明してきました．それらは主に，複素微分可能な関数＝正則関数に関する理論，すなわち複素関数論の内容に含まれます．ここで，あとで必要となるが言い漏らしたことを補っておきましょう．

正則関数の性質は，実はそれが正則でなくなる点—特異点と呼ばれる—における挙動を調べることでよく分かるのです．関数 $f_\alpha(x)$ における分岐点 $x = 1$ は特異点の一種です．最も簡単な特異点に，極というものがありますので，紹介しましょう．$c \in \mathbf{C}$ とし，c の近傍 $B = \{x \in \mathbf{C}; |x-c| < r\}$ を考えます．関数 $f(x)$ が $B \setminus \{c\}$ 上正則とします．ある自然数 p と B 上正則な関数 $F(x)$ があって，

$$f(x) = \frac{F(x)}{(x-c)^p}$$

と書かれるとき，$f(x)$ は $x = c$ を極に持つと言います．つまり極とは，「分母が 0 になる」というタイプの特異点のことです．さらにこの表示で $F(c) \neq 0$ となっているとき，自然数 p のことを極の位数と呼びます．$F(x)/(x-c)^p$ の分母分子に $(x-c)$ のベキ乗を掛けることで，見かけ上 p をいくらでも増やすことができますから，条件 $F(c) \neq 0$ は位数を確定するために必要な条件になっています．$F(x)$ の $x = c$ における Taylor 展開を

$$F(x) = \sum_{n=0}^{\infty} a_n (x-c)^n, \quad a_0 \neq 0$$

としましょう．これを代入することで，

$$f(x) = \frac{b_{-p}}{(x-c)^p} + \frac{b_{-(p-1)}}{(x-c)^{p-1}} + \cdots + \frac{b_{-1}}{x-c} + b_0 + b_1(x-c) + b_2(x-c)^2 + \cdots$$

という展開式が得られます．もちろん $b_n = a_{n+p}$ です．この展開式を，$f(x)$ の極 $x = c$ における **Laurent 展開**と呼びます．さてこの Laurent 展開を，B

内で $x = c$ のまわりを正の向きに一周する閉曲線 L に沿って積分してみましょう．項別積分が許されるとすると，$n \neq -1$ に対しては $(x-c)^n$ の原始関数が $(x-c)^{n+1}/(n+1)$ で与えられますから，Cauchy の積分定理のところで説明しましたように，項 $b_n(x-c)^n$ の積分は 0 になってしまいます．$n = -1$ のときだけ，$(x-c)^{-1}$ の原始関数として $\log(x-c)$ が一応考えられますが，これは L の始点と終点で値が $2\pi i$ だけずれる多価関数でしたので，積分値は 0 になりません．この結果

$$\int_L f(x)dx = 2\pi i b_{-1} \qquad (0.11)$$

が得られます．Laurent 展開の無数にある係数のうち，-1 次の項の係数 b_{-1} だけが特別な働きをするのです．そこで b_{-1} には，**留数**という名前が付けられています．そして (0.11) の内容を，留数定理と呼ぶのです．

1
超幾何関数の三つの顔

1.1 級 数 展 開

ベキ級数

$$\sum_{n=0}^{\infty} \frac{(\alpha,n)(\beta,n)}{(\gamma,n)(1,n)} x^n \tag{1.1}$$

を**超幾何級数**と言い，記号 $F(\alpha,\beta,\gamma;x)$ で表します．ここで α,β,γ は複素定数で，x は複素変数，記号 (α,n) は

$$(\alpha,n) = \begin{cases} 1 & (n=0) \\ \alpha(\alpha+1)(\alpha+2)\cdots(\alpha+n-1) & (n \geq 1) \end{cases} \tag{1.2}$$

で定められるものです．少し書き下してみますと，

$$F(\alpha,\beta,\gamma;x) = 1 + \frac{\alpha\beta}{\gamma\cdot 1}x + \frac{\alpha(\alpha+1)\beta(\beta+1)}{\gamma(\gamma+1)\cdot 1\cdot 2}x^2 + \cdots$$

となります．定義 (1.2) から，もし γ が 0 以下の整数とすると，$n > |\gamma|$ のとき $(\gamma,n) = 0$ となってしまうので，級数 (1.1) をうまく定義できません．そこで (1.1) においては，$\gamma \notin \mathbf{Z}_{\leq 0}$ を仮定します．また同じ理由により，α または β が 0 以下の整数の場合は，ある番号以降の係数がすべて 0 になってしまうので，超幾何級数 (1.1) は多項式になります．

そうでない場合には，超幾何級数は無限級数となります．複素関数論によると，べき級数には収束半径と呼ばれる 0 以上の実数 r ($r = \infty$ のときもある) が決まり，そのベキ級数はベキ級数展開の中心（いまの場合は $x=0$）を中心とする，半径 r の円の内部で正則な関数を表します[*1]．収束半径の計算方法は

[*1] 命題 0.1 参照．

いろいろ知られていますが，そのうちの一つを用いて超幾何級数の収束半径を計算してみましょう．

$$a_n = \frac{(\alpha, n)(\beta, n)}{(\gamma, n)(1, n)} \tag{1.3}$$

とおきましょう．このとき

$$r = \lim_{n \to \infty} \left| \frac{a_n}{a_{n+1}} \right| = \lim_{n \to \infty} \left| \frac{(\gamma + n)(1 + n)}{(\alpha + n)(\beta + n)} \right| = \lim_{n \to \infty} \left| \frac{(1 + \frac{\gamma}{n})(1 + \frac{1}{n})}{(1 + \frac{\alpha}{n})(1 + \frac{\beta}{n})} \right| = 1$$

より，収束半径 r は 1 であることがわかります．まとめておきますと，

命題 1.1.1 (i) α または β が 0 以下の整数のときは，超幾何級数 (1.1) は多項式となる．

(ii) (i) 以外のときは，超幾何級数の収束半径は 1 である．

つまり，$\alpha, \beta \notin \mathbf{Z}_{\leq 0}$ の場合には，超幾何級数 $F(\alpha, \beta, \gamma; x)$ は領域

$$\{x \in \mathbf{C} ; |x| < 1\}$$

で定義された正則関数となることがわかりました．

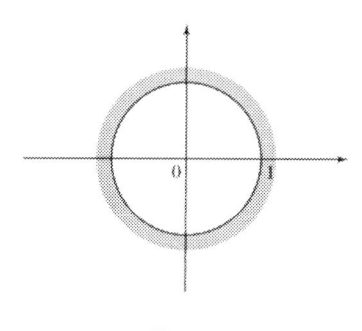

図 1.1

ところで収束半径にはもう一つの意味があります．収束半径が r であるということは，半径 r の円（つまりベキ級数が正則となる領域の境界，収束円と呼

ばれます）の上に，少なくとも 1 点，何かまずいことが起こる点が乗っている，ということも意味します．もし何もまずい点がなければ，収束半径を r より大きくとれることになるからです．極端な場合には，収束円上のすべての点がまずい点になることもあります．超幾何級数の場合はどうなっているでしょうか．

一般にベキ級数展開というのは，その中心の近くにおける挙動を調べるのに有効なもので，収束円の近くという中心から離れた場所における挙動を調べるのは，とても難しい問題です．ところが超幾何級数の場合には，次のようにして調べることができるのです．

ベキ級数の係数を (1.3) のとおり a_n とおきましたが，定義 (1.2) と合わせると，数列 $\{a_n\}$ は次の漸化式を満たすことが確かめられます．

$$a_{n+1} = \frac{(\alpha+n)(\beta+n)}{(\gamma+n)(1+n)} a_n$$

これを

$$(\gamma+n)(1+n)a_{n+1} = (\alpha+n)(\beta+n)a_n \tag{1.4}$$

と書き表しておきましょう．ベキ級数 $\sum_{n=0}^{\infty} a_n x^n$ に対して項別微分ができるとすると，

$$\frac{d}{dx}\left(\sum_{n=0}^{\infty} a_n x^n\right) = \sum_{n=0}^{\infty} n a_n x^{n-1}$$

となり，これより

$$x\frac{d}{dx}\left(\sum_{n=0}^{\infty} a_n x^n\right) = \sum_{n=0}^{\infty} n a_n x^n$$

$$\left(\alpha + x\frac{d}{dx}\right)\left(\sum_{n=0}^{\infty} a_n x^n\right) = \sum_{n=0}^{\infty} (\alpha+n) a_n x^n$$

が成り立ちます．この式を頭において (1.4) を見ると，右辺は

$$\left(\alpha + x\frac{d}{dx}\right)\left(\beta + x\frac{d}{dx}\right)\left(\sum_{n=0}^{\infty} a_n x^n\right)$$

の x^n の係数になっていることが分かります．左辺の方は，$n+1$ が添字になっ

ているので,
$$\left(\gamma - 1 + x\frac{d}{dx}\right) x\frac{d}{dx}\left(\sum_{n+1=0}^{\infty} a_{n+1}x^{n+1}\right)$$
の x^{n+1} の係数になっています. そこでこれらを足し上げましょう. つまり, (1.4) の両辺に x^n を掛けて, $n=0$ から ∞ までの和をとるのです. すると右辺は
$$\sum_{n=0}^{\infty}(\alpha+n)(\beta+n)a_n x^n = \left(\alpha + x\frac{d}{dx}\right)\left(\beta + x\frac{d}{dx}\right)\left(\sum_{n=0}^{\infty} a_n x^n\right)$$
左辺は
$$x^{-1}\sum_{n=0}^{\infty}(\gamma-1+(n+1))(n+1)a_{n+1}x^{n+1}$$
$$= x^{-1}\sum_{n+1=0}^{\infty}(\gamma-1+(n+1))(n+1)a_{n+1}x^{n+1}$$
$$= x^{-1}\left(\gamma-1+x\frac{d}{dx}\right)x\frac{d}{dx}\left(\sum_{n+1=0}^{\infty} a_{n+1}x^{n+1}\right)$$
$$= x^{-1}\left(\gamma-1+x\frac{d}{dx}\right)x\frac{d}{dx}\left(\sum_{n=0}^{\infty} a_n x^n\right)$$
となりますから, 合わせて $y = \sum_{n=0}^{\infty} a_n x^n$ のみたす関係式
$$x^{-1}\left(\gamma-1+x\frac{d}{dx}\right)x\frac{d}{dx}y = \left(\alpha+x\frac{d}{dx}\right)\left(\beta+x\frac{d}{dx}\right)y$$
が得られます. この式を, 微分作用素の交換関係式
$$\frac{d}{dx}\left(x\frac{d}{dx}\right) = \frac{d}{dx} + x\frac{d^2}{dx^2}$$
を用いて整理すると, y に関する微分方程式が得られます. $\frac{d^2y}{dx^2} = y''$, $\frac{dy}{dx} = y'$ と書きましょう.

命題 1.1.2 $y = F(\alpha,\beta,\gamma;x)$ は次の微分方程式の解である.
$$x(1-x)y'' + \{\gamma - (\alpha+\beta+1)x\}y' - \alpha\beta y = 0 \qquad (1.5)$$

(1.5) を，(**Gauss** の) **超幾何微分方程式**と呼びます．

ベキ級数 $F(\alpha,\beta,\gamma;x)$ が，収束円 $\{x \in \mathbf{C}\,;\,|x|=1\}$ 上のどの点でまずいことを起こすかを調べようとしていました．超幾何微分方程式は，実はその答えを教えてくれるのです．ところでその話に進む前に，いま我々がやったことを振り返ってみると，普通とは逆のことをやっているような気がします．「普通」は，解くべき微分方程式があって，その解を求めるということをします．ところがいまの場合，もう解 $F(\alpha,\beta,\gamma;x)$ は分かっているのに，あえてそれを解に持つような微分方程式を構成してしまったのです．その意味で普通とは逆のことをやったのですが，これから見ていくように，これは非常に有効な方法なのです．

超幾何微分方程式 (1.5) の特徴を挙げてみると，

(ア)　2 階，線形，常微分方程式である

(イ)　係数が有理関数である

ということがすぐに見て取れます．大まかに言えば，微分方程式 (1.5) は，難しい関数 $F(\alpha,\beta,\gamma;x)$ を，易しい関数である有理関数に結びつける働きをしてくれるのです．

さらに (1.5) の特徴をあと二つ挙げます．

(ウ)　Fuchs 型である

(エ)　accessory parameter を持たない

これらの意味については，後ほど，然るべき場所で説明します．

さてそれでは，微分方程式 (1.5) を用いて，超幾何級数の振る舞いを調べていきましょう．基礎となるのは，複素領域における線形常微分方程式の理論です．特に次の定理は最も基本的です．

定理 1.1.1[*1)] $D \subset \mathbf{C}$ を領域，$p_1(x),\ldots,p_n(x)$ を D 上正則な関数とし，微分方程式

$$y^{(n)} + p_1(x)y^{(n-1)} + \cdots + p_{n-1}(x)y' + p_n(x)y = 0 \qquad (1.6)$$

[*1)]　[高野, §8.3]

を考える.このとき
 (i) (1.6) の任意の解は,D 内にくまなく解析接続される.
 (ii) U を D の単連結な部分領域とするとき,U 上の解全体は複素数体 $\mathbf{C}$ 上の n 次元線形空間をなす.

「解析接続」とは,関数の定義域が広がる現象を言います[*1).つまり上の (i) の主張は,あらく言えば,線形常微分方程式の解の定義域は,方程式の係数が正則な範囲まで広がってしまう,ということです.もう少し精確に言いますと,もし領域 D に穴が空いてないなら(そういう領域を「単連結」と言います,図 1.2 参照),解の定義域は D 全体になります.

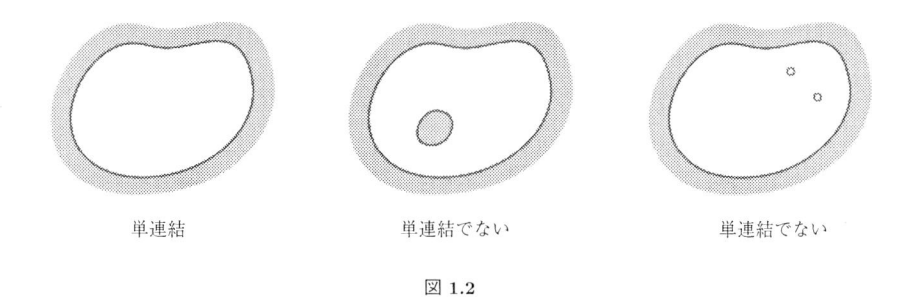

単連結   単連結でない   単連結でない

図 1.2

D に穴が空いているときには,D 内のある場所で定義された関数が穴の向こう側まで定義域を広げる場合,どういうルートを通って向こう側まで行くかによって,定義される関数の値が一般には違ってしまいます.

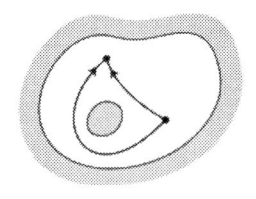

図 1.3

[*1) 詳しくは第 0 章参照.

すると D 内の同じ点であっても，そこにたどり着くルートによって関数の値が異なるような「関数」が出てきてしまいます．これを多価関数と呼びます．または，D 内の同じ点を，そこにたどり着くルートによって区別する，という方法で，普通の意味の関数として扱うこともできます．そのように領域 D を多重化したものを D の普遍被覆面と呼び，$\tilde{D}$ で表します．

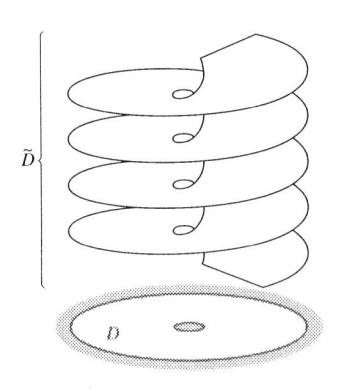

図 1.4 領域 D とその普遍被覆面 $\tilde{D}$

これらの言葉を使うと，(i) の主張は，「解は D 上の多価正則関数となる」，または「解は $\tilde{D}$ 上の正則関数となる」と言い表せます．多価関数や普遍被覆面の概念はなかなか分かりにくいものですが，複素解析学の中心的なテーマなのです．そしてまた，これから展開していく超幾何関数の理論でも中心的なテーマになっています．

さあ定理 1.1.1 を超幾何微分方程式 (1.5) に適用しましょう．(1.5) を (1.6) の形に書くには，y'' の係数 $x(1-x)$ で両辺を割ってやります．

$$y'' + \frac{\gamma - (\alpha+\beta+1)x}{x(1-x)} y' - \frac{\alpha\beta}{x(1-x)} y = 0 \qquad (1.5')$$

すると各係数は $x(1-x)$ を分母に持つ有理関数になりますから，それらは $x=0,1$ 以外では正則です．つまり (1.5) の解である超幾何級数 $F(\alpha,\beta,\gamma;x)$ は，$\mathbf{C} \setminus \{0,1\}$ へくまなく解析接続されるのです．したがって特に，収束円 $\{x \in \mathbf{C} ; |x|=1\}$ 上にあるまずい点は，$x=1$ だけであることが分かりました．

ところで，$x=0$ はどうなのだ，と思われるかもしれません．$x=0$ は超幾何級数 $F(\alpha,\beta,\gamma;x)$ にとっては展開の中心ですからもちろん正則点ですが，一方そのみたす微分方程式 (1.5) にとっては係数が定義されないいわゆる特異点になっています．この事実は定理 1.1 に矛盾するわけではありません．定理はどこで正則になるかを述べているだけで，領域 D 以外の点で正則になる可能性を否定するものではないからです．逆に，ベキ級数展開の中心である $x=0$ が微分方程式の特異点でもあるというのは，超幾何級数にとっては非常に重要なことです．微分方程式の立場から言うと，$x=0$ は特異点で，そこはあたかも宇宙空間におけるブラックホールのようにあらゆる情報が凝縮している点です．したがって $x=0$ の近くでの挙動を調べることであらゆることが分かる，ということが期待され，いま我々が展開しているストーリーはまさにそれを実現しようとしているのですが，その点 $x=0$ がたまたま正則点という非常に調べやすいものになっていた，というわけですから，こんな幸運なことはありません．さらにあとから分かるのですが，超幾何級数をいったん単位円板 $\{x \in \mathbf{C}; |x|<1\}$ の外へ解析接続してからまた中に戻ってきたとき，$x=0$ は今度は正則点にはなりません．つまり $x=0$ で正則というのは，多価関数が $x=0$ でとる値の一つにすぎないと考えることもできるのです．

ともかく，超幾何級数は収束円である単位円上にただ一つのまずい点 $x=1$ を持ち，そこを通らなければ単位円の外に解析接続できる，ということが分かりました．超幾何級数を解析接続してできる多価関数を，**超幾何関数**と呼びます．では，解析接続した結果はどうなるのでしょうか．その全体像をつかむため，再び微分方程式 (1.5) を用います．微分方程式の理論をいくつか引用しなくてはなりませんので，ここで節をあらためましょう．

1.2 微分方程式

この節では，線形常微分方程式の特異点の理論の中から必要となる部分を紹介し，それを超幾何微分方程式に適用することで超幾何関数の振る舞いを調べていきます．証明については [高野] などを見て下さい．

定義　$f(x)$ を $B' = \{x \in \mathbf{C}; 0 < |x-c| < r\}$ 上多価正則（すなわち $\tilde{B}'$ 上正則）な関数とする．$x = c$ が $f(x)$ の確定特異点であるとは，ある正数 N があって，任意の $\theta_1 < \theta_2$ に対して

$$|x-c|^N |f(x)| \to 0 \qquad (x \to c,\ \theta_1 < \arg(x-c) < \theta_2) \qquad (1.7)$$

が成り立つことを言う．そうでないとき，**不確定特異点**であると言う．

(1.7) に現れた条件 $\theta_1 < \arg(x-c) < \theta_2$ というのは，x が c に近づくとき，次のような近づき方は除外する，ということです．

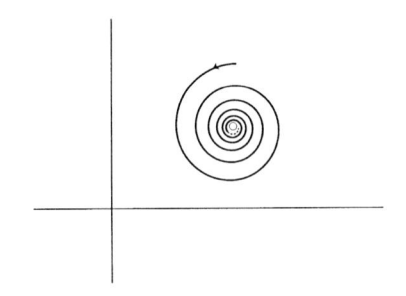

図 1.5

一般的に扱うと煩雑になりそうなので，2 階の微分方程式の場合に話を限ることにします．考える方程式は

$$y'' + p(x)y' + q(x)y = 0 \qquad (1.8)$$

で，$p(x), q(x)$ は $B' = \{x \in \mathbf{C}; 0 < |x-c| < r\}$ で正則で，$x = c$ で高々極を持つとします．このとき定理 1.1 により，(1.8) の任意の解は B' で多価正則となります．(1.8) のすべての解が $x = c$ を確定特異点とするとき，$x = c$ は方程式 (1.8) の確定特異点であると言い，$x = c$ を不確定特異点とする解が存在するとき，$x = c$ は方程式 (1.8) の不確定得点であると言います．このように定義すると，$x = c$ が方程式 (1.8) の確定特異点であることを言うためにはあらゆる解の $x = c$ での挙動を調べなくてはならず，実際には検証不可能な概念のように思われるかもしれませんが，実は簡単に調べることができます．

定理 1.2.1　$x=c$ における $p(x), q(x)$ の極の位数をそれぞれ ℓ, m とするとき，$x=c$ が (1.8) の確定特異点であるための必要十分条件は，$\ell \leq 1, m \leq 2$ で与えられる．

$x=c$ が (1.8) の確定特異点であることが分かったとします．このとき，$x=c$ の近くにおける解（局所解という）を構成することができます．まず $p(x), q(x)$ を $x=c$ で Laurent 展開します．極の位数がそれぞれ高々 1, 2 であったので，

$$p(x) = \frac{p_{-1}}{x-c} + p_0 + p_1(x-c) + \cdots$$
$$q(x) = \frac{q_{-2}}{(x-c)^2} + \frac{q_{-1}}{x-c} + q_0 + q_1(x-c) + \cdots$$

となります．ここに現れる係数 p_{-1}, q_{-2} を用いて書かれる変数 ρ についての代数方程式

$$\rho(\rho-1) + p_{-1}\rho + q_{-2} = 0 \tag{1.9}$$

を，微分方程式 (1.8) の $x=c$ における**決定方程式**と呼び，その根 ρ_1, ρ_2 を**特性指数**と呼びます．このとき，

定理 1.2.2　$\rho_1 - \rho_2 \notin \mathbf{Z}$ のとき，微分方程式 (1.8) は次の形の線形独立な二つの解を持つ．

$$y_1(x) = (x-c)^{\rho_1} \sum_{n=0}^{\infty} f_n(x-c)^n, \quad y_2(x) = (x-c)^{\rho_2} \sum_{n=0}^{\infty} g_n(x-c)^n$$

ここで $f_0 \neq 0, g_0 \neq 0$ であり，右辺に現れる級数は $B = \{x \in \mathbf{C}; |x-c| < r\}$ で収束する．

ここに現れるようなベキ関数 $(x-c)^\rho$ については，第 0 章でも詳しく論じてきました．特にその多価性は，

$$((x_0, L) - c)^\rho = e(\rho)((x_0, \phi) - c)^\rho$$

と記述されるのでした．ただしここで L は x_0 を始点とし $x=c$ を正の向きに

一周して x_0 に戻ってくる道を表し，始点の x_0 を (x_0, ϕ)，終点の x_0 を (x_0, L) で表しました．また分岐点 $x = c$ における値については，次のようになっています．定義より

$$|(x-c)^\rho| = |x-c|^{\text{Re}(\rho)} e^{-\text{Im}(\rho) \arg(x-c)} \tag{1.10}$$

となりますから，$\arg(x-c)$ がある一定の範囲に収まった状態で x が c に近づくならば，つまり図 1.5 のような近づき方でなければ，$\text{Re}(\rho) > 0, \text{Re}(\rho) < 0$ に応じて $(x-c)^\rho \to 0, (x-c)^\rho \to \infty$ となります．また (1.10) よりさらに，ベキ関数 $(x-c)^\rho$ が $x = c$ を確定特異点に持つことも分かります．$N > -\text{Re}(\rho)$ ととればよいからです．

以上の理論を武器に，超幾何関数の解析接続を調べていきましょう．すでに見たように，微分方程式 (1.5) の特異点は，それを (1.5') の形に書いてみれば明らかなように，$x = 0$ と $x = 1$ です．y' の係数の極の位数はどちらの点でも 1 であり，y の係数の極の位数もどちらの点でも 1 なので，定理 1.2.1 により $x = 0$ も $x = 1$ も方程式 (1.5) の確定特異点です．各特異点における局所解の形を調べましょう．

$x = 0$ における決定方程式は，上で説明した手順に従って計算すると

$$\rho(\rho - 1) + \gamma \rho = 0$$

となり，この解すなわち $x = 0$ における特性指数は $\rho = 0, \rho = 1 - \gamma$ の二つです．また $x = 1$ における決定方程式は

$$\rho(\rho - 1) + (\alpha + \beta + 1 - \gamma)\rho = 0$$

となりますので，$x = 1$ における特性指数は $\rho = 0, \rho = \gamma - \alpha - \beta$ の二つです．$\gamma \notin \mathbf{Z}, \gamma - \alpha - \beta \notin \mathbf{Z}$ を仮定します．すると定理 1.2.2 により，超幾何微分方程式 (1.5) は次の形の局所解を持つことが分かります．まず $x = 0$ においては，

$$y_1(x) = \sum_{n=0}^{\infty} f_n^{(1)} x^n, \quad y_2(x) = x^{1-\gamma} \sum_{n=0}^{\infty} f_n^{(2)} x^n$$

という形の二つで，右辺の級数は $B_0 = \{x \in \mathbf{C}\,;|x| < 1\}$ において収束します．なお $f_0^{(1)} = f_0^{(2)} = 1$ とすることで，$y_1(x)$, $y_2(x)$ を確定しておきます．また $x = 1$ においては，

$$y_3(x) = \sum_{n=0}^{\infty} f_n^{(3)}(1-x)^n, \quad y_4(x) = (1-x)^{\gamma-\alpha-\beta}\sum_{n=0}^{\infty} f_n^{(4)}(1-x)^n$$

という形の二つの局所解で，右辺の級数は $B_1 = \{x \in \mathbf{C}\,;|x-1| < 1\}$ において収束します．やはり $f_0^{(3)} = f_0^{(4)} = 1$ と特定しておきましょう．先にも注意したように，定理 1.1.1 (ii) によって，これらの解は解の全体のなす線形空間（解空間と呼びます）の基底となります．このことをきちんと記述しましょう．

考える領域は $D = B_0 \cup B_1 \setminus \{0,1\}$ です．D の点 $x = 1/2$ の単連結な近傍 U をとります．$U \subset B_0 \cap B_1$ としておきます．

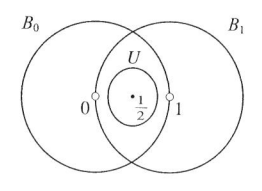

図 1.6

$y_2(x), y_4(x)$ は多価関数 $x^{1-\gamma}, (1-x)^{\gamma-\alpha-\beta}$ を含むので，$x = 1/2$ において

$$\arg x = 0, \quad \arg(1-x) = 0$$

と定めることでその分枝を決めておきます．さて $y_1(x), y_2(x)$ は U における解空間の基底になります．また $y_3(x), y_4(x)$ もやはり U における解空間の基底になります．つまり同じ線形空間の 2 組の基底が得られたのです．したがってそれらの間には，非退化な線形関係が成立します．すなわち，

$$\begin{aligned} y_1(x) &= c_{31}y_3(x) + c_{41}y_4(x) \\ y_2(x) &= c_{32}y_3(x) + c_{42}y_4(x) \end{aligned} \quad (1.11)$$

となる複素数 c_{jk} が存在し，

$$\det\begin{pmatrix} c_{31} & c_{41} \\ c_{32} & c_{42} \end{pmatrix} \neq 0$$

が成り立つのです.

さてところで,超幾何級数 $F(\alpha,\beta,\gamma;x)$ は方程式 (1.5) の解でかつ $x=0$ における初項が 1 のベキ級数でした. (1.5) の $x=0$ の近傍における解はすべて $y_1(x)$ と $y_2(x)$ の線形結合として一意的に書けることから,$F(\alpha,\beta,\gamma;x)=y_1(x)$ が従います. すると (1.11) の第 1 式は,超幾何級数 $F(\alpha,\beta,\gamma;x)$ の単位円の外への解析接続を表していることになります. それはこういう意味です. U' を U を含み $B'_1 = \{x \in \mathbf{C}; 0 < |x-1| < 1\}$ に含まれる任意の単連結領域とします.

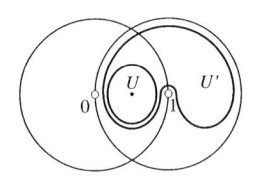

図 1.7

すると (1.11) の第 1 式の右辺 $c_{31}y_3(x)+c_{41}y_4(x)$ は U' 上定義された正則関数になっています. それが U においては $y_1(x)=F(\alpha,\beta,\gamma;x)$ に等しいのですから,$c_{31}y_3(x)+c_{41}y_4(x)$ は U 上定義されている関数 $F(\alpha,\beta,\gamma;x)$ をより広い領域 U' へ拡張したものになっています. そしてそのような拡張は $c_{31}y_3(x)+c_{41}y_4(x)$ に限るということが,一致の定理から分かります. つまり $c_{31}y_3(x)+c_{41}y_4(x)$ は,U 上の関数 $F(\alpha,\beta,\gamma;x)$ の U' 上への唯一の拡張なのです. このように,一致の定理が成り立つことが,正則関数の解析接続の要です.

次に D における多価性を記述しましょう. 多価性は $y_2(x), y_4(x)$ に含まれるベキ関数 $x^{1-\gamma}, (1-x)^{\gamma-\alpha-\beta}$ に由来するので,まずそれらの多価性をとらえておきます. $x=1/2$ を始点とし,$B'_0 = \{x \in \mathbf{C}; 0 < |x| < 1\}$ 内で $x=0$ を正の向きに一周する道を L_0,やはり $x=1/2$ を始点とし,$B'_1 = \{x \in \mathbf{C}; 0 < |x-1| < 1\}$ 内で $x=1$ を正の向きに一周する道を L_1 とします. 一般に道 L に沿った関数 $f(x)$ の解析接続の結果を $L_*f(x)$ で表すことにすると,先に見たとおり

$$L_{0*}x^{1-\gamma} = e(1-\gamma)x^{1-\gamma}, \quad L_{1*}(1-x)^{\gamma-\alpha-\beta} = e(\gamma-\alpha-\beta)(1-x)^{\gamma-\alpha-\beta}$$

1.2 微分方程式

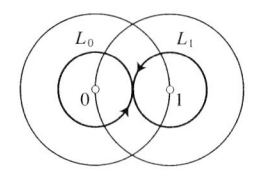

[図: L_0 と L_1 の二つの円が 0 と 1 を中心に重なっている]

図 1.8

となります. $e(1-\gamma) = e^{2\pi i(1-\gamma)} = e^{2\pi i(-\gamma)} = e(-\gamma)$ に注意しておきます.
ところで解析接続という操作には，関数の四則演算や微分と可換であるという性質があります.

$$L_*(f+g) = L_*f + L_*g, \quad L_*(fg) = L_*f \cdot L_*g$$
$$L_*\left(\frac{f}{g}\right) = \frac{L_*f}{L_*g}, \quad L_*(f') = (L_*f)'$$

これを解析接続の準同型性と呼びましょう．すると，$y_1(x), y_2(x)$ に現れるべき級数は B_0 で正則，$y_3(x), y_4(x)$ に現れるべき級数は B_1 で正則ということから，ベキ関数の解析接続の結果と合わせると

$$\begin{cases} L_{0*}y_1(x) = y_1(x), & L_{0*}y_2(x) = e(-\gamma)y_2(x) \\ L_{1*}y_3(x) = y_3(x), & L_{1*}y_4(x) = e(\gamma - \alpha - \beta)y_4(x) \end{cases} \quad (1.12)$$

が得られます.

さて，$L_{1*}y_1(x)$ はこのように単純ではありません．その意味を考えると分かるように，$L_{1*}y_1(x)$ というのは，B_0 で収束し収束円 $\{x \in \mathbf{C} ; |x| = 1\}$ 上の点 $x = 1$ でまずいことが起きている級数 $y_1(x)$ を，収束円の外へ踏み出し，しかもよりによって $x = 1$ のまわりを回って戻ってくる，というルートで旅をさせるとどうなるか，ということを問うているのです．しかしこれも (1.12) に (1.11) を組み合わせれば完全に記述されます．解析接続の準同型性を使うと，

$$\begin{aligned} L_{1*}y_1(x) &= L_{1*}(c_{31}y_3(x) + c_{41}y_4(x)) \\ &= c_{31}L_{1*}y_3(x) + c_{41}L_{1*}y_4(x) \\ &= c_{31}y_3(x) + c_{41}e(\gamma - \alpha - \beta)y_4(x) \end{aligned}$$

となります．さらにこの結果を $y_1(x), y_2(x)$ で表したければ，(1.11) を逆に解

いて

$$y_3(x) = c_{13}y_1(x) + c_{23}y_2(x)$$
$$y_4(x) = c_{14}y_1(x) + c_{24}y_2(x)$$
$$\begin{pmatrix} c_{13} & c_{23} \\ c_{14} & c_{24} \end{pmatrix} = \begin{pmatrix} c_{31} & c_{41} \\ c_{32} & c_{42} \end{pmatrix}^{-1}$$

を手に入れておくと，これを代入することで

$$L_{1*}y_1(x) = (c_{31}c_{13} + c_{41}e(\gamma - \alpha - \beta)c_{14})y_1(x)$$
$$+ (c_{31}c_{23} + c_{41}e(\gamma - \alpha - \beta)c_{24})y_2(x)$$

が得られます．この式は，超幾何級数の状態では隠れていた $x=0$ における特異性が，解析接続により姿を現したものと見ることもできます．同様にして，

$$L_{1*}y_2(x) = (c_{32}c_{13} + c_{42}e(\gamma - \alpha - \beta)c_{14})y_1(x)$$
$$+ (c_{32}c_{23} + c_{42}e(\gamma - \alpha - \beta)c_{24})y_2(x)$$

も得られます．これらの関係式は，

$$L_{1*}(y_1(x), y_2(x)) = (y_1(x), y_2(x))M_1$$
$$M_1 = \begin{pmatrix} c_{31}c_{13} + c_{41}e(\gamma - \alpha - \beta)c_{14} & c_{32}c_{13} + c_{42}e(\gamma - \alpha - \beta)c_{14} \\ c_{31}c_{23} + c_{41}e(\gamma - \alpha - \beta)c_{24} & c_{32}c_{23} + c_{42}e(\gamma - \alpha - \beta)c_{24} \end{pmatrix}$$
$$(1.13)$$

のようにまとめることができます．ついでに (1.12) の y_1, y_2 に関する部分を，同じように

$$L_{0*}(y_1(x), y_2(x)) = (y_1(x), y_2(x))M_0, \quad M_1 = \begin{pmatrix} 1 & \\ & e(-\gamma) \end{pmatrix} \quad (1.14)$$

と表しておきます．(1.13), (1.14) により，$y_1(x), y_2(x)$ の D 内での解析接続は完全に記述されます．M_0, M_1 を，それぞれ道 L_0, L_1 に対する**回路行列**と呼びます．回路行列は，(1.11) に現れた係数 c_{jk} たちを用いて記述されることを注意しておきます．

こうして $F(\alpha, \beta, \gamma; x)$ の D 内での挙動を完全につかまえることができまし

た．ところが超幾何微分方程式 (1.5) の特異点は $x = 0, 1$ のみでしたから，超幾何関数は $\mathbf{C} \setminus \{0, 1\}$ 全体に解析接続されるのでした．D はそのごく一部の領域にすぎません．残りの広大な領域へは，どうやって解析接続すればよいのでしょうか．

1.1 節で注意したように，超幾何微分方程式 (1.5) の特徴として，(イ) 係数が有理関数である ということがあります．有理関数にとって自然な生息場所は，複素平面 $\mathbf{C}$ ではなく，Riemann 球面 $\mathbf{P}^1 = \mathbf{C} \cup \{\infty\}$ なのです．(これは，コンパクト Riemann 面 $\mathbf{P}^1$ 上の有理型関数の全体のなす体が有理関数体に一致する，という事実に対応します．) つまり $\mathbf{C}$ 上の点だけでなく，無限遠点 ∞ も考えに入れる必要があるのです．

そこで微分方程式 (1.5) を $x = \infty$ で考えることにします．$x = \infty$ で考えるというのは，(標準的なやり方では，) $t = 1/x$ を変数にとり $t = 0$ の近くで考えるということですから，

$$x = \frac{1}{t}, \quad \frac{d}{dx} = -t^2 \frac{d}{dt}, \quad \frac{d^2}{dx^2} = t^4 \frac{d^2}{dt^2} + 2t^3 \frac{d}{dt}$$

に注意して (1.5) を書き換えます．

$$t^2(t-1)\frac{d^2 y}{dt^2} + \{(\alpha + \beta - 1) + (2 - \gamma)t\} t \frac{dy}{dt} - \alpha\beta y = 0 \quad (1.15)$$

となります．定理 1.2.1 の判定法を適用すると，$t = 0$ は (1.15) の確定特異点であることが分かります．$t = 0$ における決定方程式は

$$\rho(\rho - 1) + (1 - \alpha - \beta)\rho + \alpha\beta = 0$$

となりますので，特性指数が $\rho = \alpha, \beta$ となることが分かります．$\alpha - \beta \notin \mathbf{Z}$ を仮定しましょう．すると定理 1.2.2 により，

$$t^\alpha \sum_{n=0}^{\infty} f_n^{(5)} t^n, \quad t^\beta \sum_{n=0}^{\infty} f_n^{(6)} t^n \qquad (f_0^{(5)} = f_0^{(6)} = 1)$$

という形の線形独立な解があることが分かります．ここで右辺の級数の収束半径は，$t = 0$ から一番近いところにある方程式 (1.15) の特異点までの距離となるわけですから，$t = 1$ までの距離ということになり，その値は 1 です．つま

りこれらの級数は，$\{t \in \mathbf{C}; |t| < 1\}$ で収束します．

変数を x に戻しましょう．$t = x^{-1}$ ですから，$x = \infty$ における局所解

$$y_5(x) = x^{-\alpha} \sum_{n=0}^{\infty} f_n^{(5)} x^{-n}, \quad y_6(x) = x^{-\beta} \sum_{n=0}^{\infty} f_n^{(6)} x^{-n} \qquad (f_0^{(5)} = f_0^{(6)} = 1)$$

が得られ，右辺の級数は $B_\infty = \{x \in \mathbf{C}; |x| > 1\}$ で収束している，ということになります．

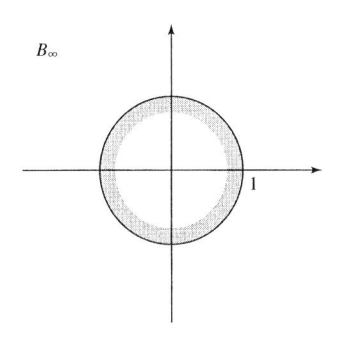

図 1.9

そこで，B_0 上の関数 $y_1(x), y_2(x)$ と B_1 上の関数 $y_3(x), y_4(x)$ に対して上で行ったのと同様の議論を，B_1 上の関数 $y_3(x), y_4(x)$ と B_∞ 上の関数 $y_5(x), y_6(x)$ に対して行うと，$y_3(x), y_4(x)$ の B_∞ への解析接続が分かり，ひいては $y_1(x), y_2(x)$ の B_∞ への解析接続が分かることになります．ところで，解析接続の準同型性を用いると，もっと直接的に解析接続を定式化することができます．いま $x = 1/2$ を始点とし，B_∞ 内の点 x_∞ へ到る道 $L_{0\infty}$ を一つ決めます．たとえば図 1.10 のようにとりましょう．x_∞ の単連結な近傍 U_∞ とそこにおける $y_5(x), y_6(x)$ の分枝を決めておきます．さて $y_1(x), y_2(x)$ を $L_{0\infty}$ に沿って解析接続します．すると U_∞ における二つの関数が得られますが，実はそれらはやはり超幾何微分方程式 (1.5) の解になっているのです．なぜなら，$j = 1, 2$ として，$x = 1/2$ の近傍における関係式

$$x(1-x)y_j'' + \{\gamma - (\alpha + \beta + 1)x\} y_j' - \alpha\beta y_j = 0$$

1.2 微分方程式

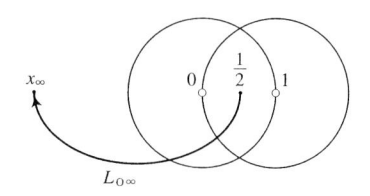

[図: x_∞, $L_{0\infty}$, 円が0, $\frac{1}{2}$, 1で交わる]

図 **1.10**

を，全体として $L_{0\infty}$ に沿って解析接続します．右辺は0のままで，左辺は解析接続の準同型性と，有理関数の一価性（多価関数でないということ）によって，

$$x(1-x)(L_{0\infty *}y_j)'' + \{\gamma - (\alpha+\beta+1)x\}(L_{0\infty *}y_j)' - \alpha\beta L_{0\infty *}y_j$$

となります．すなわち，$L_{0\infty *}y_j$ は，U_∞ において超幾何微分方程式 (1.5) の解になっているのです．$L_{0\infty *}y_1, L_{0\infty *}y_2$ が線形独立であることは，$y_1(x), y_2(x)$ が線形独立なことと解析接続が可逆であることから従います．こうして我々は，U_∞ における，(1.5) の解空間の2組の基底 $\{L_{0\infty *}y_1(x), L_{0\infty *}y_2(x)\}, \{y_5(x), y_6(x)\}$ を手に入れたのです．したがってそれらの間には非退化な線形関係が成立します．

$$\begin{cases} L_{0\infty *}y_1(x) = c_{51}y_5(x) + c_{61}y_6(x) \\ L_{0\infty *}y_2(x) = c_{52}y_5(x) + c_{62}y_6(x) \end{cases} \quad (1.16)$$

ここで複素数 c_{ij} は

$$\det \begin{pmatrix} c_{51} & c_{61} \\ c_{52} & c_{62} \end{pmatrix} \neq 0$$

をみたします．これが $y_1(x), y_2(x)$ の B_∞ への解析接続を与えます．

この節で我々がやってきたことをまとめてみましょう．線形常微分方程式の確定特異点の理論を用いることで，超幾何微分方程式 (1.5) はリーマン球面 $\mathbf{P}^1$ 上にいずれも確定特異点である3点 $\{0, 1, \infty\}$ だけを特異点として持ち，それぞれの点における特性指数が $(0, 1-\gamma), (0, \gamma-\alpha-\beta), (\alpha, \beta)$ であることが分かりました．このことをまとめて次の表で表します．

$$\begin{Bmatrix} x=0 & x=1 & x=\infty \\ 0 & 0 & \alpha \\ 1-\gamma & \gamma-\alpha-\beta & \beta \end{Bmatrix} \quad (1.17)$$

この表を Riemann scheme と呼びます．ちなみに，$\mathbf{P}^1$ 上特異点を確定特異点しか持たない微分方程式を **Fuchs 型**であると言います．したがって超幾何微分方程式 (1.5) は Fuchs 型であり，これが以前述べた特徴 (ウ) の意味です．Riemann scheme (1.17) は，各特異点の近傍でどのような振る舞いをする解があるかを教えてくれます．それらを $y_1(x), \ldots, y_6(x)$ と書いたのでした．そしてたとえば $y_1(x) = F(\alpha, \beta, \gamma; x)$ の $\mathbf{C} \setminus \{0, 1\}$ への解析接続は，(1.11) や (1.16) といった関係式と局所挙動 (1.12) などを組み合わせることで，完全に記述できることが分かったのです．微分方程式 (1.5) を考えたおかげで，解析接続の全体像がこうして明らかになりました．

ところで実際に解析接続を記述するには，関係式 (1.11) や (1.16) に現れる係数 c_{jk} たちを求めなくてはなりません．係数 c_{jk} たちのことを**接続係数**と呼び，接続係数を求めることを**接続問題**と呼びます．では接続係数は，いったいどうやって求めたらよいのでしょうか．これに答を与えてくれるのが，超幾何関数の第三の顔，積分表示なのです．

最後に注意として，$y_1(x), \ldots, y_6(x)$ の右辺に現れる級数が，超幾何級数を用いて具体的に書けるので，命題として挙げておきます．

命題 1.2.1

$$y_1(x) = F(\alpha, \beta, \gamma; x)$$
$$y_2(x) = x^{1-\gamma} F(\alpha - \gamma + 1, \beta - \gamma + 1, 2 - \gamma; x)$$
$$y_3(x) = F(\alpha, \beta, \alpha + \beta - \gamma + 1; 1 - x)$$
$$y_4(x) = (1-x)^{\gamma-\alpha-\beta} F(\gamma - \alpha, \gamma - \beta, \gamma - \alpha - \beta + 1; 1 - x)$$
$$y_5(x) = x^{-\alpha} F(\alpha, \alpha - \gamma + 1, \alpha - \beta + 1; x^{-1})$$
$$y_6(x) = x^{-\beta} F(\beta - \gamma + 1, \beta, \beta - \alpha + 1; x^{-1})$$

証明には，超幾何微分方程式の持つ対称性を利用します[*1)].

[*1)]　[高野, §12.2], [IKSY, Chapter 2, §1.3]

1.3 積 分 表 示

命題 1.3.1 $|x|<1$ とするとき,

$$F(\alpha,\beta,\gamma;x) = \frac{\Gamma(\gamma)}{\Gamma(\alpha)\Gamma(\gamma-\alpha)} \int_0^1 t^{\alpha-1}(1-t)^{\gamma-\alpha-1}(1-xt)^{-\beta}dt \quad (1.18)$$

が成り立つ．ただしここで右辺の積分の収束のため,

$$\operatorname{Re}(\alpha)>0, \quad \operatorname{Re}(\gamma-\alpha)>0 \quad (1.19)$$

を仮定する．また積分の中に現れるベキ関数の分枝は,

$$\arg t=0, \quad \arg(1-t)=0, \quad \arg(1-xt)\approx 0 \quad (|x| \text{ が十分小さいとき})$$
$$(1.20)$$

により定める.

(1.18) を超幾何関数の（**Euler 型**）**積分表示**と言います．この積分表示も，超幾何微分方程式と同様，超幾何級数 (1.1) から導き出されるのです．以下の証明では，(1.18) の右辺にも現れているガンマ関数 $\Gamma(\alpha)$ が活躍します．そこで証明に入る前に，ガンマ関数について必要なことをまとめておきましょう．

ガンマ関数 $\Gamma(\alpha)$ は，$\alpha>0$ なる実数 α に対して

$$\Gamma(\alpha) = \int_0^{+\infty} e^{-t}t^{\alpha-1}dt \quad (1.21)$$

という広義積分で与えられます．$\alpha \in \mathbf{C}$ とすると，(1.10) により $t\in(0,+\infty)$ のとき $|t^{\alpha-1}|=t^{\operatorname{Re}(\alpha)-1}$ が成り立ちますので，この積分は $\operatorname{Re}(\alpha)>0$ なる複素数 α に対しても収束します．そして右半平面 $\{\alpha\in\mathbf{C};\operatorname{Re}(\alpha)>0\}$ における正則関数となります．積分 (1.21) に部分積分を行うことで，重要な公式

$$\Gamma(\alpha+1)=\alpha\Gamma(\alpha) \quad (1.22)$$

が得られます．これと $\Gamma(1)=1$ を合わせると，$n\in\mathbf{Z}_{\geq 0}$ に対して

$$\Gamma(n+1) = n! \tag{1.23}$$

が成り立つことが分かります.すなわちガンマ関数は,階乗の拡張になっているのです.公式 (1.22) を

$$\Gamma(\alpha) = \frac{\Gamma(\alpha+1)}{\alpha} \tag{1.24}$$

と書いてみると,左辺は右半平面上の正則関数だったのですが,右辺はより広い領域 $D_1 = \{\alpha \in \mathbf{C} ; \mathrm{Re}(\alpha) > -1\} \setminus \{0\}$ で定義された正則関数になっています.

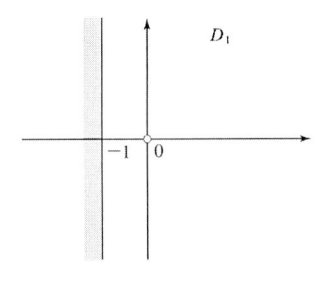

図 1.11

したがって (1.24) は,ガンマ関数 $\Gamma(\alpha)$ の,領域 D_1 への解析接続を与えます.同様の議論を繰り返していくことで,$\Gamma(\alpha)$ は $\mathbf{C} \setminus \mathbf{Z}_{\leq 0}$ 上の正則関数にまで拡張されることが分かり,さらに除外された点 $\alpha = -n$ $(n \in \mathbf{Z}_{\geq 0})$ は 1 位の極になっており,そこでの留数が $(-1)^n/n!$ であることが分かります.また (1.24) を用いると,(1.2) で与えた記号 (α, n) は,ガンマ関数を用いて表せることに注意しておきます.

$$(\alpha, n) = \frac{\Gamma(\alpha+n)}{\Gamma(\alpha)} \tag{1.25}$$

これ以外の,ガンマ関数の重要な性質をまとめておきましょう.

$$\Gamma(\alpha) \neq 0 \quad (\alpha \in \mathbf{C} \setminus \mathbf{Z}_{\leq 0}) \tag{1.26}$$

$$\Gamma(\alpha)\Gamma(1-\alpha) = \frac{\pi}{\sin \pi \alpha} \tag{1.27}$$

$$\Gamma(\alpha) \sim \sqrt{2\pi} \alpha^{\alpha - \frac{1}{2}} e^{-\alpha} \quad (|\alpha| \to \infty,\ |\arg \alpha| < \pi - \varepsilon,\ \varepsilon > 0) \tag{1.28}$$

(1.26), (1.27) については，ガンマ関数の無限乗積表示[*1)]を用いて示されます．(1.28) は $|\alpha|$ が大きいときの $\Gamma(\alpha)$ の値を漸近的に与える公式で，Stirling の公式と呼ばれます[*2)]．

ガンマ関数と同様，広義積分で定義される関数にベータ関数 $B(\alpha, \beta)$ があります．$\alpha > 0, \beta > 0$ なる実数 α, β に対し，

$$B(\alpha, \beta) = \int_0^1 t^{\alpha-1}(1-t)^{\beta-1} dt \tag{1.29}$$

で定義されるものです．この定義式も，ガンマ関数の場合と同様に，$\operatorname{Re}(\alpha) > 0, \operatorname{Re}(\beta) > 0$ なる複素数 α, β に対して拡張されます．ベータ関数とガンマ関数の間には，驚くべき関係式

$$B(\alpha, \beta) = \frac{\Gamma(\alpha)\Gamma(\beta)}{\Gamma(\alpha + \beta)} \tag{1.30}$$

が成り立ちます．それぞれの定義式 (1.21), (1.29) を見ただけでは想像もできない関係式ですが，重積分を用いて証明することができ，重積分の例題としてよく教科書にも載っているものです[*3)]．この公式 (1.30) を使うと，ベータ関数の定義域は，右辺のガンマ関数の商が定義されるような複素数 α, β の範囲にまで拡張されます．

さて命題 1.3.1 は，(1.25), (1.30) と，$(1 - xt)^{-\beta}$ の Taylor 展開

$$(1 - xt)^{-\beta} = \sum_{n=0}^{\infty} \binom{-\beta}{n} (-xt)^n = \sum_{n=0}^{\infty} \frac{(\beta, n)}{n!} (xt)^n \tag{1.31}$$

を組み合わせることで示されます．

命題 1.3.1 の証明　超幾何級数 (1.1) の係数に現れる $(\alpha, n), (\gamma, n)$ を (1.25) を用いてガンマ関数で表し，公式 (1.30) を使ってさらにベータ関数に結びつけます．それにベータ関数の定義式 (1.29) を当てはめることで積分が現れ，残っている $(\beta, n)/(1, n)$ の部分を (1.31) で処理することで命題が得られます．以上を実行に移しましょう．

[*1)] [犬井, 第 1 章], [杉浦, 第 IV 章, 第 IX 章], [高木, §68]
[*2)] [犬井, 第 1 章], [杉浦, 第 IV 章, 第 IX 章], [高木, §69]
[*3)] [犬井, 第 1 章], [杉浦, 第 IV 章], [高木, §96]

$$F(\alpha,\beta,\gamma;x) = \sum_{n=0}^{\infty} \frac{(\alpha,n)(\beta,n)}{(\gamma,n)(1,n)} x^n$$

$$= \sum_{n=0}^{\infty} \frac{\Gamma(\alpha+n)\Gamma(\gamma)(\beta,n)}{\Gamma(\alpha)\Gamma(\gamma+n)n!} x^n$$

$$= \frac{\Gamma(\gamma)}{\Gamma(\alpha)} \sum_{n=0}^{\infty} \frac{1}{\Gamma(\gamma-\alpha)} \cdot \frac{\Gamma(\alpha+n)\Gamma(\gamma-\alpha)}{\Gamma(\gamma+n)} \cdot \frac{(\beta,n)}{n!} x^n$$

$$= \frac{\Gamma(\gamma)}{\Gamma(\alpha)\Gamma(\gamma-\alpha)} \sum_{n=0}^{\infty} B(\alpha+n,\gamma-\alpha) \cdot \frac{(\beta,n)}{n!} x^n$$

$$= \frac{\Gamma(\gamma)}{\Gamma(\alpha)\Gamma(\gamma-\alpha)} \sum_{n=0}^{\infty} \int_0^1 t^{\alpha+n-1}(1-t)^{\gamma-\alpha-1} dt \cdot \frac{(\beta,n)}{n!} x^n$$

$$= \frac{\Gamma(\gamma)}{\Gamma(\alpha)\Gamma(\gamma-\alpha)} \int_0^1 t^{\alpha-1}(1-t)^{\gamma-\alpha-1} \sum_{n=0}^{\infty} \frac{(\beta,n)}{n!} (xt)^n dt$$

$$= \frac{\Gamma(\gamma)}{\Gamma(\alpha)\Gamma(\gamma-\alpha)} \int_0^1 t^{\alpha-1}(1-t)^{\gamma-\alpha-1}(1-xt)^{-\beta} dt$$

これで命題 1.3.1 が証明されました． ■

積分表示 (1.18) における被積分関数 $t^{\alpha-1}(1-t)^{\gamma-\alpha-1}(1-xt)^{-\beta}$ は，上の証明を見るとたまたま現れてきたもののように思えますが，実は超幾何関数の挙動を規定する本質的な関数なのです．この関数は，Riemann 球面 $\mathbf{P}^1 = \mathbf{C} \cup \{\infty\}$ 上に 4 個の分岐点 $0,1,1/x,\infty$ を持つ，$\mathbf{P}^1 \setminus \{0,1,1/x,\infty\}$ 上の多価関数です．積分表示 (1.18) における積分の端点 $\{0,1\}$ は，この 4 個の分岐点のうちの 2 個を選んだものになっていることに注意しましょう．次の命題が成り立ちます．

命題 1.3.2 $p,q \in \{0,1,1/x,\infty\}$ とするとき，積分

$$f_{pq}(x) = \int_p^q t^{\alpha-1}(1-t)^{\gamma-\alpha-1}(1-xt)^{-\beta} dt \tag{1.32}$$

は超幾何微分方程式 (1.5) の解となる．

この命題の証明は第 3 章で与えます．当面の間これを認めて話を進めましょう．なお積分 (1.32) の収束のためには，命題 1.3.1 で仮定した条件 (1.19) と同

様に，ベキ関数の指数の実部に対する条件が要りますが，適宜仮定するということでここではいちいち言及しません．さらにつけ加えるなら，ガンマ関数の解析接続と同様の原理により，(1.19) のような条件は $\alpha \notin \mathbf{Z}_{\leq 0}, \gamma - \alpha \notin \mathbf{Z}_{\leq 0}$ のような形にゆるめることができますので，ほとんどの場合は気にしなくてもよい条件になります．

さあそれでは，命題 1.3.1 あるいは命題 1.3.2 に現れた Euler 型の積分表示を使って，超幾何関数に対する接続問題を解いていきましょう．(1.32) の積分を確定するには，p と q を結ぶ道と，その道の上での被積分関数の分枝を特定する必要があります．ここでは次のようにして特定することにしましょう．まず積分路は，図 1.12 のように取ります．分岐点の一つ $1/x$ は，積分にとっては定数なので，その大体の位置を決めておいてあります．

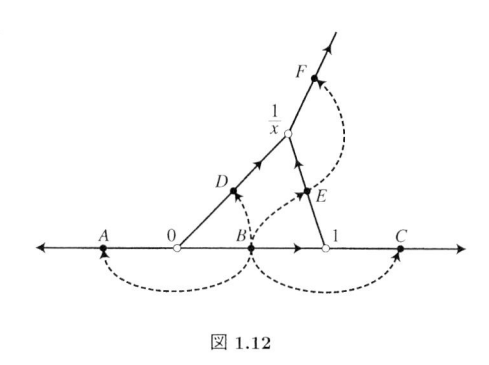

図 1.12

各積分路上の分枝を決めるには，その上の 1 点におけるベキ関数の偏角を指定すれば十分です．そこでまず点 B における分枝は (1.20) で決めましょう．残りの A, C, D, E, F における分枝は，B における分枝を，図 1.12 の点線に沿って解析接続することで定めます．たとえば点 A における分枝は，t が図 1.13 の点線上を B から A まで移動した結果として，

$$\arg t = -\pi, \quad \arg(1-t) = 0$$

および，

$$\arg(1-xt) = \arg\left(x\left(\frac{1}{x}-t\right)\right) = \arg x + \arg\left(\frac{1}{x}-t\right)$$

に注意して (1.20) と図 1.12 から

$$\arg x < \arg(1-xt) < 0$$

が得られ，これらから決まります．ただし $\arg x$ は，図 1.12 に合わせて $-\pi < \arg x < 0$ の範囲に取っておきました．

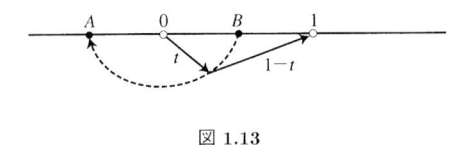

図 1.13

こうして各積分路上の分枝が決まりましたので，(1.32) の f_{pq} が確定しました．さてこれから，被積分関数

$$\Phi(t) = t^{\alpha-1}(1-t)^{\gamma-\alpha-1}(1-xt)^{-\beta}$$

に対して，Cauchy の積分定理を適用します．

　Cauchy の積分定理は，序章でも紹介しましたが，正則関数を閉曲線上で積分すると積分値が 0 になるという定理です．積分される正則関数として $\Phi(t)$ を考え，閉曲線として図 1.12 の積分路をつなぎ合わせたものを考えるのですが，$\Phi(t)$ は多価関数なので，分枝のずれがないようにしなくてはならないという点に注意が必要です．

　まず図 1.14 の閉曲線上の積分を考えます．分枝の決め方（図 1.12）から，各線分上の分枝はうまくつながり，$\Phi(t)$ をこの閉曲線上で積分することで積分値は 0 となります．図 1.14 の閉曲線は，$\Phi(t)$ の分岐点 $x = 0, 1, 1/x$ にさわらないよう少し離しているのですが，やはり Cauchy の積分定理により，どんなに分岐点に近づけていっても，積分値は変わらず 0 のままです．したがってその極限として，$\overline{01}, \overline{1\frac{1}{x}}, \overline{\frac{1}{x}0}$ 上の積分の和が 0 になるという関係式が得られます．すなわち

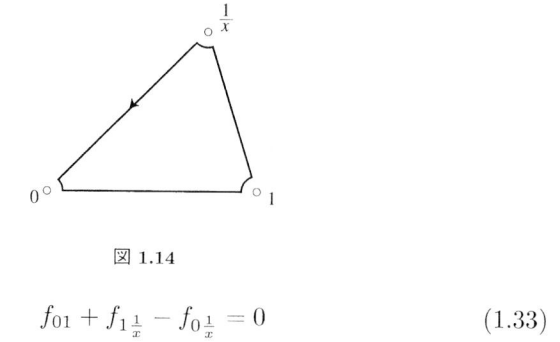

1.3 積分表示

図 1.14

$$f_{01} + f_{1\frac{1}{x}} - f_{0\frac{1}{x}} = 0 \tag{1.33}$$

が成り立ちます．左辺第 3 項の前の負号は，積分路の向きによるものです．

続いて図 1.15 の閉曲線上の積分を考えます．

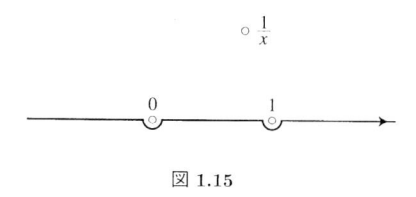

図 1.15

これは $-\infty$ から $+\infty$ に向かう曲線で，どう見ても閉曲線には見えないかもしれませんが，Riemann 球面 $\mathbf{P}^1$ で考えると立派な閉曲線になっています．

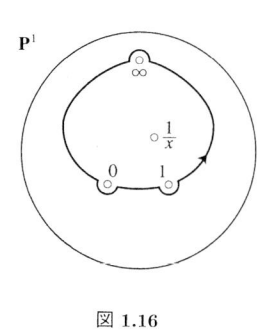

図 1.16

やはり分枝の決め方（図 1.12）により，この場合も分枝の調整が要らないので，上と同様の議論によって

$$f_{\infty 0} + f_{01} + f_{1\infty} = 0 \tag{1.34}$$

が得られます．

次に図 1.17 の閉曲線を考えます．

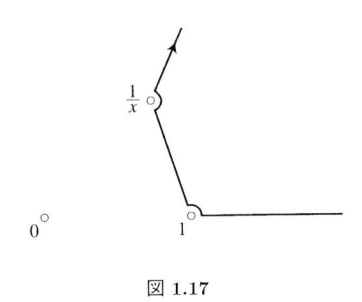

図 1.17

これも閉曲線と見るには，図 1.18 のように考えて下さい．

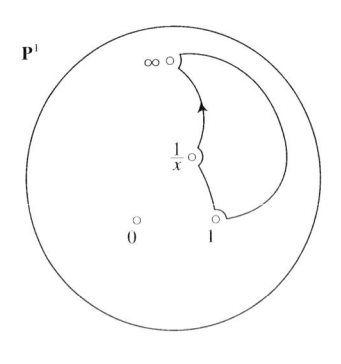

図 1.18

今度は分枝の調整が必要になります．$\overline{1\infty}$ 上の $\Phi(t)$ の分枝を，図 1.17 の閉曲線の内側から $\overline{1\frac{1}{x}}$ 上へ接続すると，従来図 1.12 のやり方で決めていた $\overline{1\frac{1}{x}}$ 上の分枝とは「ずれ」が生じます．そのずれは，分岐点 $x=1$ のまわりを一周することにより生じるものなので，$\overline{1\frac{1}{x}}$ 上の被積分関数は $e(\gamma - \alpha)\Phi(t)$ としなくてはなりません．そしてこのずれは，$\overline{\frac{1}{x}\infty}$ 上にも引き継がれます．こうして結局，関係式

1.3 積分表示

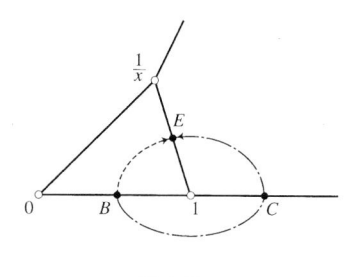

図 1.19

$$-f_{1\infty} + e(\gamma - \alpha)f_{1\frac{1}{x}} + e(\gamma - \alpha)f_{\frac{1}{x}\infty} = 0 \tag{1.35}$$

が得られます.

最後に図 1.20 の閉曲線を考えます.

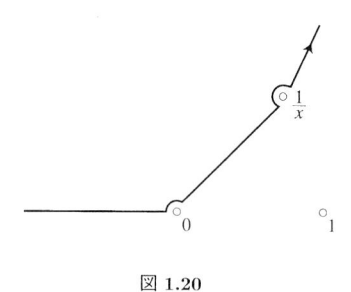

図 1.20

この場合も分枝の調整が必要になり，結果として

$$f_{\infty 0} + e(-\alpha)f_{0\frac{1}{x}} + e(\beta - \alpha)f_{\frac{1}{x}\infty} = 0 \tag{1.36}$$

という関係式が得られます.

$f_{qp} = -f_{pq}$ ですから，本質的には $\binom{4}{2} = 6$ 個の f_{pq} たちがあるのですが，こうしてそれら 6 個の関数の間に成り立つ 4 本の式 (1.33)–(1.36) を手に入れることができました．これら 4 本の式が独立ならば，すなわちこれら 4 本の式の $f_{01}, f_{1\frac{1}{x}}, f_{0\frac{1}{x}}, f_{\infty 0}, f_{1\infty}, f_{\frac{1}{x}\infty}$ の係数をそれぞれ並べてできる行列

$$\begin{pmatrix} 1 & 1 & -1 & 0 & 0 & 0 \\ 1 & 0 & 0 & 1 & 1 & 0 \\ 0 & e(\gamma-\alpha) & 0 & 0 & -1 & e(\gamma-\alpha) \\ 0 & 0 & e(-\alpha) & 1 & 0 & e(\beta-\alpha) \end{pmatrix} \quad (1.37)$$

の階数 (rank) が4であれば，6個の f_{pq} たちのうちのある4個は，残り2個の線形結合で表されることになります．さらにこの行列の任意の4列が線形独立ならば，6個の f_{pq} のうち任意の2個を指定すると，残り4個は指定された2個の線形結合で表されることになります．この状況はほとんどの場合成立するので，以下これを仮定します．

問1 (1.37) の行列の任意の4列が線形独立になるための条件を求めよ．

一方，各 f_{pq} は，ある特異点の近傍で特徴的な挙動を示します．言い換えると，Riemann scheme (1.17) に記述された6種類の振る舞いのうちのどれか一つを実現するのです．命題 1.3.1 によると，

$$f_{01}(x) = \frac{\Gamma(\alpha)\Gamma(\gamma-\alpha)}{\Gamma(\gamma)} F(\alpha,\beta,\gamma;x)$$

なのですから，f_{01} については $x=0$ で特性指数 0 を実現する解になっていることは分かっています．ほかの f_{pq} について見てみましょう．

たとえば $f_{\infty 0}$ を考えましょう．

$$f_{\infty 0} = \int_\infty^0 t^{\alpha-1}(1-t)^{\gamma-\alpha-1}(1-xt)^{-\beta} dt \quad (1.38)$$

でした．これに積分変数の変換

$$s = \frac{t}{t-1}$$

を施してみます．すると

$$t = \frac{s}{s-1}, \quad 1-t = \frac{1}{1-s}, \quad 1-xt = \frac{1-(1-x)s}{1-s}, \quad dt = \frac{-ds}{(s-1)^2}$$

となりますので，これらを (1.38) に代入すればよいのですが，代入して値を確

定するためには $s, s-1$ などの偏角を決めておく必要があります．新変数 s が線分 $\overline{01}$ 上を動くということと，(1.20) と図 1.12 から決まった $\arg t, \arg(1-t), \arg(1-xt)$ の値とがつり合うように決めなくてはなりません．そこでとりあえず $\arg s = 0$ としてみましょう．すると $\arg t = -\pi$ より，

$$-\pi = \arg t = \arg \frac{s}{s-1} = \arg s - \arg(s-1) = -\arg(s-1)$$

となるので，$\arg(s-1) = \pi$ としなくてはならないことが分かります．また $\arg(1-t) = 0$ からは，$\arg(1-s) = 0$ が従います．これと $x \approx 1$ のとき $\arg(1-xt) \approx 0$ となることから，$\arg(1-(1-x)s) \approx 0$ ($x \approx 1$ のとき) となることも分かります．こうして偏角が確定しましたので，(1.38) に代入します．

$$\begin{aligned} f_{\infty 0} &= \int_1^0 \left(e^{-\pi i} \frac{s}{1-s}\right)^{\alpha-1} \left(\frac{1}{1-s}\right)^{\gamma-\alpha-1} \left(\frac{1}{1-s}(1-(1-x)s)\right)^{-\beta} \frac{-ds}{(s-1)^2} \\ &= e^{\pi i(1-\alpha)} \int_0^1 s^{\alpha-1}(1-s)^{\beta-\gamma}(1-(1-x)s)^{-\beta} ds \end{aligned}$$

ここで $(1-(1-x)s)^{-\beta}$ を $x=1$ において Taylor 展開すると，初項が 1 から始まることが分かりますので，このことを

$$(1-(1-x)s)^{-\beta} = 1 + O(1-x)$$

と表しましょう．したがって $f_{\infty 0}$ の $x=1$ における挙動として，

$$\begin{aligned} f_{\infty 0} &= e^{\pi i(1-\alpha)} \int_0^1 s^{\alpha-1}(1-s)^{\beta-\gamma}(1+O(1-x))ds \\ &= e^{\pi i(1-\alpha)} B(\alpha, \beta-\gamma+1)(1+O(1-x)) \end{aligned}$$

が得られました．すなわち $f_{\infty 0}$ は，$x=1$ における特性指数 0 を実現する解になっていたのです．

このような計算を各 f_{pq} に対して行います．結果だけ書いておくと，

$$\begin{cases} f_{01} = B(\alpha, \gamma-\alpha)(1+O(x)) \\ f_{\frac{1}{x}\infty} = e^{\pi i(\alpha+\beta-\gamma+1)}B(\beta-\gamma+1, 1-\beta)x^{1-\gamma}(1+O(x)) \\ f_{\infty 0} = e^{\pi i(1-\alpha)}B(\alpha, \beta-\gamma+1)(1+O(1-x)) \\ f_{1\frac{1}{x}} = e^{\pi i(\alpha-\gamma+1)}B(\gamma-\alpha, 1-\beta)(1-x)^{\gamma-\alpha-\beta}(1+O(1-x)) \\ f_{0\frac{1}{x}} = B(\alpha, 1-\beta)x^{-\alpha}\left(1+O\left(\frac{1}{x}\right)\right) \\ f_{1\infty} = e^{\pi i(\gamma-\alpha-\beta-1)}B(\beta-\gamma+1, \gamma-\alpha)x^{-\beta}\left(1+O\left(\frac{1}{x}\right)\right) \end{cases} \quad (1.39)$$

となります.

問 2 (1.39) の $f_{01}, f_{\infty 0}$ 以外の残りの式を示せ（それぞれ，積分の端点 $\{p,q\}$ を $\{0,1\}$ に移すようなうまい 1 次分数変換を積分変数に施すとよい）．

Riemann scheme (1.17) の各特性指数を実現する解として，$y_1, y_2, \ldots, y_6$ を 1.2 節で与えておきました．それらを (1.39) と比較することで，次の関係式が得られます．

$$\begin{cases} f_{01} = B(\alpha, \gamma-\alpha)y_1 \\ f_{\frac{1}{x}\infty} = e^{\pi i(\alpha+\beta-\gamma+1)}B(\beta-\gamma+1, 1-\beta)y_2 \\ f_{\infty 0} = e^{\pi i(1-\alpha)}B(\alpha, \beta-\gamma+1)y_3 \\ f_{1\frac{1}{x}} = e^{\pi i(\alpha-\gamma+1)}B(\gamma-\alpha, 1-\beta)y_4 \\ f_{0\frac{1}{x}} = B(\alpha, 1-\beta)y_5 \\ f_{1\infty} = e^{\pi i(\gamma-\alpha-\beta-1)}B(\beta-\gamma+1, \gamma-\alpha)y_6 \end{cases} \quad (1.40)$$

これで接続問題を解くための材料がすべて揃いました．それは関係式 (1.33)–(1.36) と (1.40) です．それぞれの役割を簡潔に表すと,

(1.33)–(1.36) ⟷ 積分表示の間の関係式（Cauchy の積分定理）

(1.40) ⟷ 積分表示と局所挙動の関係式

ということになります．積分表示というのは大域的な表示で，Cauchy の積分

定理により積分表示同士がダイナミックに結びつき合います．一方それらが一つ一つ Riemann scheme に記述された局所挙動と対応しているということが，接続問題を解くためのポイントとなります．

それでは例として，(1.16) に現れる c_{51}, c_{61} を求めてみましょう．これらは y_1, y_5, y_6 の間の関係式ですから，(1.40) を見ると，そのためには $f_{01}, f_{0\frac{1}{x}}, f_{1\infty}$ の間の関係式を求めればよいことになります．(1.33)–(1.36) をフルに使って，

$$\begin{aligned} f_{01} &= -f_{1\frac{1}{x}} + f_{0\frac{1}{x}} \\ &= -(e(\alpha-\gamma)f_{1\infty} - f_{\frac{1}{x}\infty}) + f_{0\frac{1}{x}} \\ &= -e(\alpha-\gamma)f_{1\infty} + (-e(\alpha-\beta)f_{\infty 0} - e(-\beta)f_{0\frac{1}{x}}) + f_{0\frac{1}{x}} \\ &= -e(\alpha-\gamma)f_{1\infty} - e(\alpha-\beta)(-f_{01} - f_{1\infty}) + (1 - e(-\beta))f_{0\frac{1}{x}} \\ &= (e(\alpha-\beta) - e(\alpha-\gamma))f_{1\infty} + (1 - e(-\beta))f_{0\frac{1}{x}} + e(\alpha-\beta)f_{01} \end{aligned}$$

が得られます．最後の項を左辺に移項して

$$(1 - e(\alpha-\beta))f_{01} = (e(\alpha-\beta) - e(\alpha-\gamma))f_{1\infty} + (1 - e(-\beta))f_{0\frac{1}{x}}$$

となりますので，結局

$$f_{01} = \frac{1 - e(-\beta)}{1 - e(\alpha-\beta)} f_{0\frac{1}{x}} + \frac{e(\alpha-\beta) - e(\alpha-\gamma)}{1 - e(\alpha-\beta)} f_{1\infty}$$

が得られます．この関係式を，(1.40) を用いて y_1, y_5, y_6 の間の関係式に翻訳しましょう．

$$\begin{aligned} y_1 &= \frac{f_{01}}{B(\alpha, \gamma-\alpha)} \\ &= \frac{1}{B(\alpha, \gamma-\alpha)} \left(\frac{1 - e(-\beta)}{1 - e(\alpha-\beta)} \right) B(\alpha, 1-\beta) y_5 \\ &\quad + \frac{1}{B(\alpha, \gamma-\alpha)} \cdot \frac{e(\alpha-\beta) - e(\alpha-\gamma)}{1 - e(\alpha-\beta)} \cdot e^{\pi i(\gamma-\alpha-\beta-1)} B(\beta-\gamma+1, \gamma-\alpha) y_6 \\ &= \frac{\Gamma(\beta-\alpha)\Gamma(\gamma)}{\Gamma(\beta)\Gamma(\gamma-\alpha)} e^{-\pi i \alpha} y_5 + \frac{\Gamma(\alpha-\beta)\Gamma(\gamma)}{\Gamma(\alpha)\Gamma(\gamma-\beta)} e^{-\pi i \beta} y_6 \end{aligned}$$

となります．

問 3 この最後の等号を，(1.30), (1.27) および複素変数の sin の定義式

$$\sin x = \frac{e^{ix} - e^{-ix}}{2i}$$

を使って示せ．

すなわち，接続関係式 (1.16) に現れる係数は，

$$c_{51} = \frac{\Gamma(\beta-\alpha)\Gamma(\gamma)}{\Gamma(\beta)\Gamma(\gamma-\alpha)}e^{-\pi i\alpha}, \quad c_{61} = \frac{\Gamma(\alpha-\beta)\Gamma(\gamma)}{\Gamma(\alpha)\Gamma(\gamma-\beta)}e^{-\pi i\beta}$$

と求めることができたのです．

こうして，Euler の積分表示を用いることで，超幾何関数の接続問題が完全に解かれ，超幾何関数の挙動が明示的につかまえられることが分かりました．線形常微分方程式の特異点の理論，ガンマ関数の性質，複素関数論の諸定理など，多くの道具の助けは借りましたが，結局 1.1 節のはじめに挙げたベキ級数 (1.1) が，自力でこの結果を導いたことを銘記しておきましょう．

2

超幾何関数の仲間を求めて

　この章では，超幾何関数の仲間として見出されてきたいくつかの関数を紹介します．新しい仲間を見つけるためのアイデアはいろいろあり，実にさまざまなものが見つかってきていますが，ここでは古典的なものに限って紹介することにします．本格的な話は第3章以降に展開しますが，その萌芽がこれら古典的なものたちのうちに見て取れるでしょう．

2.1　級数を変形してみる[*1)]

超幾何級数

$$F(\alpha,\beta,\gamma;x) = \sum_{n=0}^{\infty} \frac{(\alpha,n)(\beta,n)}{(\gamma,n)(1,n)} x^n \tag{2.1}$$

を変形して，別な級数を作ってみましょう．係数に現れる (α,n) の形の因子を増やしたり減らしたりしてみます．たとえば分子の (β,n) を取り去ると，級数

$$\sum_{n=0}^{\infty} \frac{(\alpha,n)}{(\gamma,n)(1,n)} x^n \tag{2.2}$$

が得られます．命題 0.1 を用いると，級数 (2.2) の収束半径が ∞ であることが分かります．

問 1　これを示せ．

すなわち級数 (2.2) は，複素平面 $\mathbf{C}$ 全体で正則な関数を与えるのです．この級数

[*1)] 数学で「変形」というと，ふつうは連続パラメターを入れることを指すが，ここでは文字どおり形を変えることを指すことにする．ここで挙げる変形は，実は数学の意味の変形として実現できる．

（関数）を，（**Kummer** の）合流型超幾何級数（関数）と呼び，記号 $F(\alpha, \gamma; x)$ で表します.

$$F(\alpha, \gamma; x) = \sum_{n=0}^{\infty} \frac{(\alpha, n)}{(\gamma, n)(1, n)} x^n \tag{2.3}$$

「合流型」という示唆的な形容が現れましたが，その意味は 2.3 節で説明されます.

合流型超幾何級数 $F(\alpha, \gamma; x)$ について，そのみたす微分方程式と積分表示を構成しましょう．微分方程式は，1.1 節で超幾何微分方程式を見つけるのに用いた方法をまねて見つけることができます．結果だけ書くと，

$$xy'' + (\gamma - x)y' - \alpha y = 0 \tag{2.4}$$

となります.

問 2 級数 (2.2) から，そのみたす微分方程式 (2.4) を導け.

(2.4) を（**Kummer** の）合流型超幾何微分方程式と呼びます.

積分表示も，命題 1.3.1 と同様にして構成できます．証明はやはり問に任せると，結果として Kummer の合流型超幾何関数の積分表示

$$F(\alpha, \gamma; x) = \frac{\Gamma(\gamma)}{\Gamma(\alpha)\Gamma(\gamma - \alpha)} \int_0^1 t^{\alpha-1}(1-t)^{\gamma-\alpha-1} e^{xt} dt \tag{2.5}$$

が得られます.

問 3 級数 (2.2) から，積分表示 (2.5) を導け．(ヒント：やはり (1.25), (1.29), (1.30) を用いる．さらに，$(1 - xt)^{-\beta}$ の Taylor 展開 (1.31) の代わりに，指数関数の Taylor 展開 $e^x = \sum_{n=0}^{\infty} \frac{x^n}{n!}$ を用いよ．)

次は，超幾何級数 (2.1) の係数の (α, n) の形の因子を，増やしてみましょう．分母分子に一つずつ因子を加えます．パラメターを付け替えると，級数

$$\sum_{n=0}^{\infty} \frac{(\alpha_1, n)(\alpha_2, n)(\alpha_3, n)}{(\beta_1, n)(\beta_2, n)(1, n)} x^n \tag{2.6}$$

が得られます．この級数の収束半径は 1 となることが分かります．級数 (2.6) を**一般化超幾何級数**と呼び，記号では

$$_3F_2\begin{pmatrix} \alpha_1, \alpha_2, \alpha_3 \\ \beta_1, \beta_2 \end{pmatrix}; x = \sum_{n=0}^{\infty} \frac{(\alpha_1, n)(\alpha_2, n)(\alpha_3, n)}{(\beta_1, n)(\beta_2, n)(1, n)} x^n \qquad (2.7)$$

と表します．記号 $_3F_2$ の 3 は，級数の係数の分子に現れる因子の個数，2 は分母に現れる $(1, n)$ 以外の因子の個数を表しています．同様にして超幾何級数の係数の分母分子に因子を $p-2$ 個ずつ加えると，級数

$$_pF_{p-1}\begin{pmatrix} \alpha_1, \alpha_2, \ldots, \alpha_p \\ \beta_1, \ldots, \beta_{p-1} \end{pmatrix}; x = \sum_{n=0}^{\infty} \frac{(\alpha_1, n)(\alpha_2, n) \cdots (\alpha_p, n)}{(\beta_1, n) \cdots (\beta_{p-1}, n)(1, n)} x^n \qquad (2.8)$$

が得られます．この級数の収束半径も 1 で，これもやはり一般化超幾何級数と呼ばれます．

注意 記号 (2.8) を流用すると，超幾何級数 $F(\alpha, \beta, \gamma; x)$ や合流型超幾何関数 $F(\alpha, \gamma; x)$ は，それぞれ

$$_2F_1\begin{pmatrix} \alpha, \beta \\ \gamma \end{pmatrix}; x, \quad _1F_1\begin{pmatrix} \alpha \\ \gamma \end{pmatrix}; x$$

と表されます．この表記法もよく使われます．

では一般化超幾何級数 $_3F_2$ の，微分方程式と積分表示を求めてみましょう．微分方程式は，いままでと同様のやり方で求められます．

$$x^2(1-x)y''' + \{\beta_1 + \beta_2 + 1 - (\alpha_1 + \alpha_2 + \alpha_3 + 3)x\} xy''$$
$$+ \{\beta_1\beta_2 - (\alpha_1\alpha_2 + \alpha_2\alpha_3 + \alpha_3\alpha_1 + \alpha_1 + \alpha_2 + \alpha_3 + 1)x\} y' - \alpha_1\alpha_2\alpha_3 y = 0$$
$$(2.9)$$

積分表示の求め方もいままでと同様です．級数 (2.6) の係数のうち，$(\alpha_1, n)/(\beta_1, n)$, $(\alpha_2, n)/(\beta_2, n)$ をベータ関数で表せば良いのです．

$$\frac{(\alpha_1, n)}{(\beta_1, n)} = \frac{\Gamma(\beta_1)}{\Gamma(\alpha_1)\Gamma(\beta_1 - \alpha_1)} B(\alpha_1 + n, \beta_1 - \alpha_1)$$
$$\frac{(\alpha_2, n)}{(\beta_2, n)} = \frac{\Gamma(\beta_2)}{\Gamma(\alpha_2)\Gamma(\beta_2 - \alpha_2)} B(\alpha_2 + n, \beta_2 - \alpha_2)$$

これにより，

$$_3F_2\begin{pmatrix}\alpha_1,\alpha_2,\alpha_3\\ \beta_1,\beta_2\end{pmatrix};x)$$
$$=\frac{\Gamma(\beta_1)\Gamma(\beta_2)}{\Gamma(\alpha_1)\Gamma(\beta_1-\alpha_1)\Gamma(\alpha_2)\Gamma(\beta_2-\alpha_2)}$$
$$\times \int_0^1\int_0^1 s^{\alpha_1-1}(1-s)^{\beta_1-\alpha_1-1}t^{\alpha_2-1}(1-t)^{\beta_2-\alpha_2-1}(1-stx)^{-\alpha_3}dsdt$$

が得られます．いままでと異なり，重積分になりました．さらに目に見える違いとして，Gauss の超幾何関数の場合は積分変数に関する1次式のベキ関数しか現れませんでしたが，今度は積分変数 (s,t) に関する2次式 $(1-stx)$ が現れています．ただしこれについては，積分変数の変換により2次式が現れないようにすることができます．実際，変数変換

$$s=u,\quad st=v$$

をほどこすと，変換のヤコビアンは $1/u$ となり，

$$s^{\alpha_1-1}(1-s)^{\beta_1-\alpha_1-1}t^{\alpha_2-1}(1-t)^{\beta_2-\alpha_2-1}(1-stx)^{-\alpha_3}dsdt$$
$$=u^{\alpha_1-1}(1-u)^{\beta_1-\alpha_1-1}\left(\frac{v}{u}\right)^{\alpha_2-1}\left(1-\frac{v}{u}\right)^{\beta_2-\alpha_2-1}(1-vx)^{-\alpha_3}\frac{1}{u}dudv$$
$$=u^{\alpha_1-\beta_2}(1-u)^{\beta_1-\alpha_1-1}v^{\alpha_2-1}(u-v)^{\beta_2-\alpha_2-1}(1-vx)^{-\alpha_3}dudv$$

が得られます．したがって一般化超幾何級数 $_3F_2$ の積分表示としは，

$$_3F_2\begin{pmatrix}\alpha_1,\alpha_2,\alpha_3\\ \beta_1,\beta_2\end{pmatrix};x)=\frac{\Gamma(\beta_1)\Gamma(\beta_2)}{\Gamma(\alpha_1)\Gamma(\beta_1-\alpha_1)\Gamma(\alpha_2)\Gamma(\beta_2-\alpha_2)}$$
$$\times \iint_\Delta u^{\alpha_1-\beta_2}(1-u)^{\beta_1-\alpha_1-1}v^{\alpha_2-1}(u-v)^{\beta_2-\alpha_2-1}(1-vx)^{-\alpha_3}dudv \tag{2.10}$$

となります．ただしここで積分領域 Δ は，

$$\Delta=\{(u,v)\in\mathbf{R}^2\,;\,0\le u\le 1,\,0\le v\le u\}$$

で与えられます．

2.1 級数を変形してみる

図 2.1 積分領域 Δ

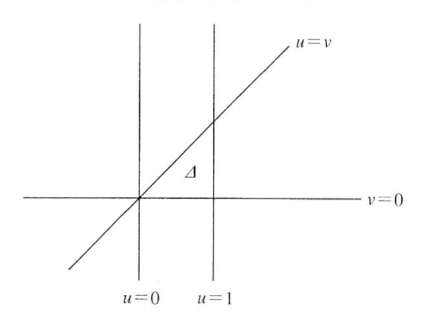

問 4 一般化超幾何級数 $_3F_2$ の収束半径，微分方程式，積分表示に関する上の記述を確かめよ．

ここまでは超幾何級数の係数に現れる (α, n) の形の因子を増減させてきましたが，今度は変数も増やしてみましょう．2 変数の超幾何級数として，Appell による次の 4 個の級数が知られています．

$$\begin{cases} F_1(\alpha, \beta, \beta', \gamma; x, y) = \sum_{m,n=0}^{\infty} \frac{(\alpha, m+n)(\beta, m)(\beta', n)}{(\gamma, m+n)(1, m)(1, n)} x^m y^n \\ F_2(\alpha, \beta, \beta', \gamma, \gamma'; x, y) = \sum_{m,n=0}^{\infty} \frac{(\alpha, m+n)(\beta, m)(\beta', n)}{(\gamma, m)(\gamma', n)(1, m)(1, n)} x^m y^n \\ F_3(\alpha, \alpha', \beta, \beta', \gamma; x, y) = \sum_{m,n=0}^{\infty} \frac{(\alpha, m)(\alpha', n)(\beta, m)(\beta', n)}{(\gamma, m+n)(1, m)(1, n)} x^m y^n \\ F_4(\alpha, \beta, \gamma, \gamma'; x, y) = \sum_{m,n=0}^{\infty} \frac{(\alpha, m+n)(\beta, m+n)}{(\gamma, m)(\gamma', n)(1, m)(1, n)} x^m y^n \end{cases} \quad (2.11)$$

これらに対しても，やはり微分方程式と積分表示が得られます．F_1 のみたす微分方程式を求めてみましょう．級数 F_1 の係数を a_{mn} とおきます．

$$a_{mn} = \frac{(\alpha, m+n)(\beta, m)(\beta', n)}{(\gamma, m+n)(1, m)(1, n)}$$

数列 $\{a_{mn}\}$ は二つの添字 m, n を持つ 2 重数列で，それぞれの添字について次の漸化式をみたします．

$$\begin{cases} a_{m+1,n} = \dfrac{(\alpha+m+n)(\beta+m)}{(\gamma+m+n)(1+m)}a_{mn} \\ a_{m,n+1} = \dfrac{(\alpha+m+n)(\beta'+n)}{(\gamma+m+n)(1+n)}a_{mn} \end{cases}$$

級数 $z = \sum_{m,n=0}^{\infty} a_{mn}x^m y^n$ に対して

$$x\frac{\partial}{\partial x}z = \sum_{m,n=0}^{\infty} m a_{mn} x^m y^n, \quad y\frac{\partial}{\partial y}z = \sum_{m,n=0}^{\infty} n a_{mn} x^m y^n$$

となることに注意すると,いままでと同様にして上の 2 本の漸化式から,$z = F_1(\alpha,\beta,\beta',\gamma;x,y)$ のみたす 2 本の偏微分方程式が導かれます.

$$\begin{cases} x(1-x)\dfrac{\partial^2 z}{\partial x^2} + y(1-x)\dfrac{\partial^2 z}{\partial x \partial y} + \{\gamma-(\alpha+\beta+1)x\}\dfrac{\partial z}{\partial x} - \beta y\dfrac{\partial z}{\partial y} - \alpha\beta z = 0 \\ y(1-y)\dfrac{\partial^2 z}{\partial y^2} + x(1-y)\dfrac{\partial^2 z}{\partial x \partial y} + \{\gamma-(\alpha+\beta'+1)y\}\dfrac{\partial z}{\partial y} - \beta' x\dfrac{\partial z}{\partial x} - \alpha\beta' z = 0 \end{cases} \quad (2.12)$$

問 5 これを確かめよ.

ところで第 1 章では,微分方程式を見ることで,解がどこに特異点を持つのか,各特異点における挙動にはどんなものがあるかなど,解の大域挙動の枠組みを知ることができました.ところが連立偏微分方程式 (2.12) は,その意味ではあまり役に立ちません.たとえば (2.12) から,解が特異性を持つ場所を直接見て取ることはできないのです.そこで (2.12) を,「役に立つ」形に書き換えましょう.

$$z_1 = z, \quad z_2 = x\frac{\partial z}{\partial x}, \quad z_3 = y\frac{\partial z}{\partial y}$$

とおき,

$$Z = \begin{pmatrix} z_1 \\ z_2 \\ z_3 \end{pmatrix}$$

のみたす微分方程式を導いてみます.

以下の計算では，偏導関数を
$$\frac{\partial z}{\partial x} = z_x, \quad \frac{\partial z}{\partial y} = z_y, \quad \frac{\partial^2 z}{\partial x^2} = z_{xx}, \quad \frac{\partial^2 z}{\partial x \partial y} = z_{xy}, \quad \frac{\partial^2 z}{\partial y^2} = z_{yy}, \ldots$$
のように簡潔に表すことにします．次が成り立つことに注意します．

補題 2.1.1
$$(x-y)z_{xy} - \beta' z_x + \beta z_y = 0$$

証明
$$(1-y) \times \frac{\partial}{\partial y}\bigl((2.12) \text{の第 1 式}\bigr) - (1-x) \times \frac{\partial}{\partial x}\bigl((2.12) \text{の第 2 式}\bigr)$$
を計算し，さらに (2.12) を用いて整理するとよい．∎

ではまず $\partial Z/\partial x$ を計算しましょう．各成分を計算してみると，
$$\frac{\partial}{\partial x} z_1 = z_x = \frac{1}{x} z_2$$
$$\frac{\partial}{\partial x} z_2 = \frac{\partial}{\partial x}(x z_x) = z_x + x z_{xx} = \frac{1}{x} z_2 + x z_{xx}$$
$$\frac{\partial}{\partial x} z_3 = \frac{\partial}{\partial x}(y z_y) = y z_{xy}$$

ところで補題を用いると，z_{xy} は z_x, z_y を用いて表せ，したがって z_2, z_3 で表せます．さらに補題と (2.12) を組み合わせると，他の 2 階偏導関数 z_{xx}, z_{yy} も z_1, z_2, z_3 で表せることが分かります．よって上の計算と合わせると，$\partial Z/\partial x$ の各成分は z_1, z_2, z_3 で表せることが分かりました．同様にして $\partial Z/\partial y$ の各成分も z_1, z_2, z_3 で表すことができます．計算を実行し，結果をまとめると次のようになります．

$$\frac{\partial Z}{\partial x} = \left[\frac{1}{x} \begin{pmatrix} 0 & 1 & 0 \\ 0 & \beta' - \gamma + 1 & 0 \\ 0 & -\beta' & 0 \end{pmatrix} + \frac{1}{1-x} \begin{pmatrix} 0 & 0 & 0 \\ \alpha\beta & \alpha + \beta - \gamma + 1 & \beta \\ 0 & 0 & 0 \end{pmatrix} \right.$$
$$\left. + \frac{1}{x-y} \begin{pmatrix} 0 & 0 & 0 \\ 0 & -\beta' & \beta \\ 0 & \beta' & -\beta \end{pmatrix} \right] Z$$

$$\frac{\partial Z}{\partial y} = \left[\frac{1}{y} \begin{pmatrix} 0 & 0 & 1 \\ 0 & 0 & -\beta \\ 0 & 0 & \beta - \gamma + 1 \end{pmatrix} + \frac{1}{1-y} \begin{pmatrix} 0 & 0 & 0 \\ 0 & 0 & 0 \\ \alpha\beta' & \beta' & \alpha + \beta' - \gamma + 1 \end{pmatrix} \right.$$
$$\left. + \frac{1}{x-y} \begin{pmatrix} 0 & 0 & 0 \\ 0 & \beta' & -\beta \\ 0 & -\beta' & \beta \end{pmatrix} \right] Z$$

係数に現れた行列を

$$A_0 = \begin{pmatrix} 0 & 1 & 0 \\ 0 & \beta' - \gamma + 1 & 0 \\ 0 & -\beta' & 0 \end{pmatrix}, \quad A_1 = -\begin{pmatrix} 0 & 0 & 0 \\ \alpha\beta & \alpha + \beta - \gamma + 1 & \beta \\ 0 & 0 & 0 \end{pmatrix}$$

$$B_0 = \begin{pmatrix} 0 & 0 & 1 \\ 0 & 0 & -\beta \\ 0 & 0 & \beta - \gamma + 1 \end{pmatrix}, \quad B_1 = -\begin{pmatrix} 0 & 0 & 0 \\ 0 & 0 & 0 \\ \alpha\beta' & \beta' & \alpha + \beta' - \gamma + 1 \end{pmatrix}$$

$$C = \begin{pmatrix} 0 & 0 & 0 \\ 0 & -\beta' & \beta \\ 0 & \beta' & -\beta \end{pmatrix}$$

と書き,さらに外微分

$$dZ = \frac{\partial Z}{\partial x} dx + \frac{\partial Z}{\partial y} dy$$

を利用すると,上の二つの方程式は次の形に簡潔に表すことができます.

$$dZ = \left[A_0 \frac{dx}{x} + A_1 \frac{d(1-x)}{1-x} + B_0 \frac{dy}{y} + B_1 \frac{d(1-y)}{1-y} + C \frac{d(x-y)}{x-y} \right] Z \quad (2.13)$$

(2.13) の形の方程式は,線形全微分方程式,あるいは線形 Pfaff 系と呼ばれ,Gauss の超幾何微分方程式のような線形常微分方程式と同じように,解の大域挙動の枠組みを知るのに非常に有効なものです.まず右辺の行列のサイズ—いまの場合は 3 ですが—を線形 Pfaff 系の階数といい,その値は解空間の次元を表します.また,たとえば線形 Pfaff 系については,解が特異性を持つ場所は

係数が特異性を持つ場所に限るということが知られていますので，(2.13) を見るとそれは (x,y) の属する 2 次元複素空間 $\mathbf{C}^2$ の中では

$$x=0,\ x=1,\ y=0,\ y=1,\ x=y$$

というところになることが分かるのです．これを $(x,y)\in\mathbf{R}^2$ として図示したものが図 2.2 です．

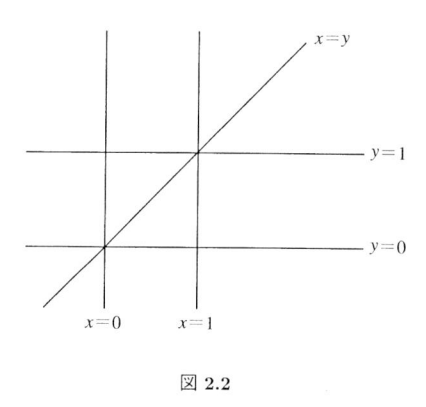

図 2.2

次に F_1 の積分表示を求めましょう．求め方はいままでと同様で，級数の係数を適当にベータ関数で表し，ベータ関数の積分表示に帰着させるのです．F_1 の場合には，次に挙げるベータ関数の拡張を用いて積分表示を導くこともできます．

補題 2.1.2

$$\iint_{\substack{s\geq 0, t\geq 0\\ 1-s-t\geq 0}} s^{\alpha-1}t^{\beta-1}(1-s-t)^{\gamma-1}dsdt = \frac{\Gamma(\alpha)\Gamma(\beta)\Gamma(\gamma)}{\Gamma(\alpha+\beta+\gamma)}$$

これにより F_1 は二通りの積分表示を持つことになります．

$$\begin{cases}
F_1(\alpha,\beta,\beta',\gamma;x,y) \\
\quad = \dfrac{\Gamma(\gamma)}{\Gamma(\alpha)\Gamma(\gamma-\alpha)} \displaystyle\int_0^1 t^{\alpha-1}(1-t)^{\gamma-\alpha-1}(1-xt)^{-\beta}(1-yt)^{-\beta'}dt \\
F_1(\alpha,\beta,\beta',\gamma;x,y) \\
\quad = \dfrac{\Gamma(\gamma)}{\Gamma(\beta)\Gamma(\beta')\Gamma(\gamma-\beta-\beta')} \\
\qquad \times \displaystyle\iint_{\substack{s\geq 0,t\geq 0 \\ 1-s-t\geq 0}} s^{\beta-1}t^{\beta'-1}(1-s-t)^{\gamma-\beta-\beta'-1}(1-xs-yt)^{-\alpha}dsdt
\end{cases} \quad (2.14)$$

さて同様にして，級数 F_2, F_3, F_4 についても微分方程式，積分表示が導出できます．微分方程式は省略しますが，微分方程式を線形 Pfaff 系で書いたときの階数が，いずれも 4 であることを注意しておきます．積分表示については，一番複雑な F_4 についてだけ紹介しましょう．

$$F_4(\alpha,\beta,\gamma,\gamma';x,y) = \frac{\Gamma(1-\alpha)}{\Gamma(1-\gamma)\Gamma(1-\gamma')\Gamma(\gamma+\gamma'-\alpha-1)}$$
$$\times \iint_{\substack{s\geq 0,t\geq 0 \\ 1-s-t\geq 0}} s^{-\gamma}t^{-\gamma'}(1-s-t)^{\gamma+\gamma'-\alpha-2}\left(1-\frac{x}{s}-\frac{y}{t}\right)^{-\beta}dsdt \quad (2.15)$$

積分の中に，積分変数 (s,t) の有理式が現れるのが著しい特徴です．これの導出については [青本-喜多, p.143] を参照して下さい．またこの積分表示は，第 4 章で再発見されます．

超幾何級数を変形していろいろな関数を手に入れ，それらのみたす微分方程式や積分表示を導いてきました．この新しい関数たちは，級数・微分方程式・積分表示という三つの顔をやはり持っているので，超幾何関数の仲間と呼ぶにふさわしいものといえましょう．このような仲間たちは，他にもいっぱい見つかっています．それらを網羅するのは大変だしあまり意味がありませんので，あと二つの系列だけを紹介してこの節を終えようと思います．

Appell は 4 通りに超幾何級数を 2 変数へと持ち上げましたが，そのやり方を踏襲すると，4 種類の n 変数の級数が得られます．それらは Lauricella の

F_A, F_B, F_C, F_D と呼ばれる級数で，$n=2$ の場合，つまり 2 変数の場合にはそれぞれ F_2, F_3, F_4, F_1 になるものです．ここでは F_1 の n 変数版の F_D のだけを挙げておきます[*1]．

$$F_D(\alpha, \beta_1, \ldots, \beta_n, \gamma; x_1, \ldots, x_n)$$
$$= \sum_{m_1,\ldots,m_n=0}^{\infty} \frac{(\alpha, m_1+\cdots+m_n)(\beta_1, m_1)\cdots(\beta_n, m_n)}{(\gamma, m_1+\cdots+m_n)(1, m_1)\cdots(1, m_n)} x_1^{m_1}\cdots x_n^{m_n}$$
(2.16)

F_D の積分表示も，いままでと同様にして求めることができます．

$$F_D(\alpha, \beta_1, \ldots, \beta_n, \gamma; x_1, \ldots, x_n)$$
$$= \frac{\Gamma(\gamma)}{\Gamma(\alpha)\Gamma(\gamma-\alpha)} \int_0^1 t^{\alpha-1}(1-t)^{\gamma-\alpha-1}(1-x_1 t)^{-\beta_1}\cdots(1-x_n t)^{-\beta_n} dt$$
(2.17)

一方，2 変数で超幾何級数っぽい級数は，Appell の 4 個の級数に限りません．Horn はそれらをすべて見つけようとして，Horn のリストと呼ばれる 14 個の級数を発見しました．その中にはもちろん Appell の 4 個の級数も含まれています[*2]．

2.2　積分表示を変形してみる

超幾何関数の積分表示

$$F(\alpha, \beta, \gamma; x) = \frac{\Gamma(\gamma)}{\Gamma(\alpha)\Gamma(\gamma-\alpha)} \int_0^1 t^{\alpha-1}(1-t)^{\gamma-\alpha-1}(1-xt)^{-\beta} dt \quad (2.18)$$

は，これをどう認識するかによってさまざまな方向に発展していく可能性を秘めています．そのいくつかの発展については第 3 章で扱いますが，ここでは単純な変形を一つだけ紹介することにしましょう．

[*1] Lauricella の F_A, F_B, F_C, F_D の定義については [青本-喜多, 第 3 章 §1]，[Kohno, §6.5]，[AK] を参照．

[*2] Horn のリストについては [Erdélyi, pp.224–225] を参照．

積分表示 (2.18) において変数変換 $s = 1/t$ を行うと，簡単な計算により

$$F(\alpha, \beta, \gamma; x) = \frac{\Gamma(\gamma)}{\Gamma(\alpha)\Gamma(\gamma - \alpha)} \int_1^\infty s^{\beta-\gamma}(s-1)^{\gamma-\alpha-1}(s-x)^{-\beta}ds \quad (2.19)$$

が得られます．右辺の積分は，それぞれ $s = 0, 1, x$ において分岐点をもつベキ関数の積の積分になっています．そこでこの形のベキ関数をもっと増やしてみたらどうなるかを考えます．一つのベキ関数だけは $s = x$ を分岐点に持つものにしておいて，そのほかに n 個のベキ関数を持ってきて，積をとって積分します．

$$y(x) = \int_b^c (t-x)^{\rho-1}(t-a_1)^{\alpha_1}(t-a_2)^{\alpha_2}\cdots(t-a_n)^{\alpha_n} dt \quad (2.20)$$

ここで b, c は，分岐点 $x, a_1, a_2, \ldots, a_n, \infty$ のうちから選ぶことにします．積分 (2.20) は，x の関数として，**Jordan-Pochhammer 方程式**と呼ばれる次の微分方程式をみたします[*1)]．

$$p_0(x)y^{(n)} + p_1(x)y^{(n-1)} + \cdots + p_n(x)y = 0 \quad (2.21)$$

ここで係数の $p_k(x)$ の定義は次の通りです．

$$p_0(x) = (x - a_1)(x - a_2)\cdots(x - a_n)$$

$$q(x) = p_0(x)\sum_{j=1}^n \frac{-\alpha_j}{x - a_j}$$

$$p_k(x) = \binom{-\rho + n - 1}{k} p_0^{(k)}(x) + \binom{-\rho + n - 1}{k - 1} q^{(k-1)}(x) \quad (1 \le k \le n)$$

積分表示と微分方程式が得られましたから，級数はどうなっているか気になるところですね．積分表示 (2.20) あるいは微分方程式 (2.21) を利用して，$y(x)$ のベキ級数展開を求めてみたくなりますが，試みると分かるように級数をうまく求めることはできません．

ここで前節で紹介した Lauricella の F_D を思い出しましょう．F_D は級数 (2.16) で与えられ，その積分表示が (2.17) となっていました．積分表示 (2.17) において，上と同様の変数変換 $s = 1/t$ を行ってみると，(2.17) は次の形に変

[*1)] 証明は原理的には，3.1 節で与えられる命題 1.3.2 の証明と同様にしてできる．(3.23) 参照．

わります．

$$F_D(\alpha, \beta_1, \ldots, \beta_n, \gamma; x_1, \ldots, x_n)$$
$$= \frac{\Gamma(\gamma)}{\Gamma(\alpha)\Gamma(\gamma-\alpha)}$$
$$\times \int_1^\infty s^{\beta_1+\cdots+\beta_n-\gamma}(s-1)^{\gamma-\alpha-1}(s-x_1)^{-\beta_1}\cdots(s-x_n)^{-\beta_n}ds \qquad (2.22)$$

(2.20) と (2.22) を比べると，$\{x, a_1, \ldots, a_n\}$ が $\{0, 1, x_1, \ldots, x_n\}$ となっているだけで，本質的には同じ積分になっていることが分かります．この関係を用いて，$y(x)$ のベキ級数展開について考察します．

きちんと対応をつけるため，(2.20) において

$$a_1 = 0, \ a_2 = 1, \ b = 1, \ c = \infty$$

としましょう．すると

$$\alpha = -\rho - \alpha_1 - \alpha_2 - \alpha_3 - \alpha_4 - \cdots - \alpha_n$$
$$\gamma = 1 - \rho - \alpha_1 - \alpha_3 - \alpha_4 - \cdots - \alpha_n$$

とおくことで，$y(x)$ は $(n-1)$ 変数の F_D を用いて

$$y(x) = \int_1^\infty (t-x)^{\rho-1} t^{\alpha_1}(t-1)^{\alpha_2}(t-a_3)^{\alpha_3}\cdots(t-a_n)^{\alpha_n}dt$$
$$= CF_D(\alpha, 1-\rho, -\alpha_3, -\alpha_4, \ldots, -\alpha_n, \gamma; x, a_3, a_4, \ldots, a_n) \qquad (2.23)$$

と表されることが分かります．ただしここで

$$C = \frac{\Gamma(\alpha)\Gamma(\gamma-\alpha)}{\Gamma(\gamma)}$$

とおきました．

さて $y(x)$ の $x=0$ における Taylor 展開を考えましょう．$x=0$ で考える理由は，$x=0$ が $y(x)$ のみたす微分方程式 (2.21) の確定特異点になっているからで，そういう点に関数の情報が集約されているというのが第 1 章で展開した議論における考え方でした．F_D の展開式 (2.16) に持ち込んで計算したいので，収束のため $|a_3| < 1, \ldots, |a_n| < 1$ を仮定しておきます．すると，

$$\begin{aligned}y(x)=&C\sum_{m_1,m_2,\ldots,m_{n-1}=0}^{\infty}\frac{(\alpha,m_1+\cdots+m_{n-1})(1-\rho,m_1)(-\alpha_3,m_2)\cdots(-\alpha_n,m_{n-1})}{(\gamma,m_1+\cdots+m_{n-1})(1,m_1)(1,m_2)\cdots(1,m_{n-1})}\\ &\times x^{m_1}a_3{}^{m_2}a_4{}^{m_3}\cdots a_n{}^{m_{n-1}}\\ =&C\sum_{m_1=0}^{\infty}\Bigg\{\sum_{m_2,\ldots,m_{n-1}=0}^{\infty}\frac{(\alpha,m_1+\cdots+m_{n-1})(-\alpha_3,m_2)\cdots(-\alpha_n,m_{n-1})}{(\gamma,m_1+\cdots+m_{n-1})(1,m_2)\cdots(1,m_{n-1})}\\ &\times a_3{}^{m_2}a_4{}^{m_3}\cdots a_n{}^{m_{n-1}}\Bigg\}\frac{(1-\rho,m_1)}{(1,m_1)}x^{m_1}\end{aligned}$$

となります．ここで (α,n) の定義式 (1.2) を用いると，

$$(\alpha,k+\ell)=(\alpha,k)(\alpha+k,\ell)$$

が成り立つことがすぐ分かりますから，上の式をさらに書き換えて，

$$\begin{aligned}y(x)=&C\sum_{m_1=0}^{\infty}\Bigg\{\frac{(\alpha,m_1)}{(\gamma,m_1)}\sum_{m_2,\ldots,m_{n-1}=0}^{\infty}\frac{(\alpha+m_1,m_2+\cdots+m_{n-1})(-\alpha_3,m_2)\cdots(-\alpha_n,m_{n-1})}{(\gamma+m_1,m_2+\cdots+m_{n-1})(1,m_2)\cdots(1,m_{n-1})}\\ &\times a_3{}^{m_2}a_4{}^{m_3}\cdots a_n{}^{m_{n-1}}\Bigg\}\frac{(1-\rho,m_1)}{(1,m_1)}x^{m_1}\\ =&C\sum_{m=0}^{\infty}F_D(\alpha+m,-\alpha_3,\ldots,-\alpha_n,\gamma+m;a_3,\ldots,a_n)\frac{(\alpha,m)(1-\rho,m)}{(\gamma,m)(1,m)}x^m\end{aligned}$$

が得られます．

この結果を見ると，$y(x)$ の $x=0$ における Taylor 展開の係数は，F_D という多変数超越関数の $(a_3,\ldots,a_n)$ という点における特殊値，という大変難しい数で書かれることが分かります．いままでに現れてきた級数たちと比べると，格段に複雑な級数です．ところがこのような x のみ 1 変数の級数への書き直しをしなければ，$y(x)$ は $(x,a_3,a_4,\ldots,a_n)$ の $(n-1)$ 変数のきれいな級数 F_D で表されるのです．

このことから分かるように，級数の立場からいうと $y(x)$ を x のみの関数と考えるのはきわめて不自然で，$(x,a_3,a_4,\ldots,a_n)$ の多変数関数と見るのが自然です．これは積分表示を見ても分かります．$y(x)$ の積分表示 (2.23) においては，x は $a_3,\ldots,a_n$ と全く同様の役割を果たしているのですから．

このように積分表示を通して見ると，関数をどのようにとらえるのが自然な

のかということが浮かび上がってきます．積分表示についてのこの先の話は，第3章で展開します．

2.3 合　　　　　流

2.1節で合流型超幾何関数 $F(\alpha,\gamma;x)$ を導入しました．これの級数の形は (2.3) で，微分方程式は (2.4) で，積分表示は (2.5) で与えられました．この節では，まずはじめに，これらがすべて Gauss の超幾何関数の対応するものから，「合流」という極限操作によって構成されることを紹介します．

合流は，この場合には変数 x を

$$x_1 = \frac{x}{\beta} \tag{2.24}$$

で置き換え，$\beta \to \infty$ という極限をとるという操作を指します．

まず級数を考えます．超幾何級数 (2.1) の x のところに $x_1 = x/\beta$ を代入すると，

$$F\left(\alpha,\beta,\gamma;\frac{x}{\beta}\right) = \sum_{n=0}^{\infty} \frac{(\alpha,n)(\beta,n)}{(\gamma,n)(1,n)} \frac{x^n}{\beta^n}$$

となります．

$$\frac{(\beta,n)}{\beta^n} = \frac{\beta(\beta+1)\cdots(\beta+n-1)}{\beta\cdot\beta\cdots\beta} = \left(1+\frac{1}{\beta}\right)\left(1+\frac{2}{\beta}\right)\cdots\left(1+\frac{n-1}{\beta}\right) \to 1$$

に注意すると，形式的には，つまり $\lim_{\beta\to\infty}$ と $\sum_{n=0}^{\infty}$ が交換できれば，

$$F\left(\alpha,\beta,\gamma;\frac{x}{\beta}\right) \to \sum_{n=0}^{\infty} \frac{(\alpha,n)}{(\gamma,n)(1,n)} x^n = F(\alpha,\gamma;x)$$

となることが分かります．

問 6　この収束を解析的に証明せよ．

次に微分方程式を考えます．合流前の旧変数を x_1 とし，$x_1 = x/\beta$ で定まる x を新変数と考えます．合流前の微分方程式は，(1.5) より

$$x_1(1-x_1)\frac{d^2y}{dx_1{}^2} + \{\gamma - (\alpha+\beta+1)x_1\}\frac{dy}{dx_1} - \alpha\beta y = 0$$

でした．ここで

$$\frac{d}{dx_1} = \beta\frac{d}{dx}, \quad \frac{d^2}{dx_1{}^2} = \beta^2\frac{d^2}{dx^2}$$

に注意すると，

$$\begin{aligned}0 &= \frac{x}{\beta}\left(1-\frac{x}{\beta}\right)\beta^2\frac{d^2y}{dx^2} + \left\{\gamma - (\alpha+\beta+1)\frac{x}{\beta}\right\}\beta\frac{dy}{dx} - \alpha\beta y \\ &= \beta\left[x\left(1-\frac{x}{\beta}\right)y'' + \left\{\gamma - x - \frac{\alpha+1}{\beta}x\right\}y' - \alpha y\right]\end{aligned} \quad (2.25)$$

となり，これより [ ] の中が 0 ということになります．さらに $\beta \to \infty$ とすることで，

$$xy'' + (\gamma - x)y' - \alpha y = 0$$

が得られますが，これは (2.4) に一致しています．

最後に積分表示を考えましょう．(1.18) の x のところに x/β を代入すると，

$$F\left(\alpha,\beta,\gamma;\frac{x}{\beta}\right) = \frac{\Gamma(\gamma)}{\Gamma(\alpha)\Gamma(\gamma-\alpha)}\int_0^1 t^{\alpha-1}(1-t)^{\gamma-\alpha-1}\left(1-\frac{xt}{\beta}\right)^{-\beta}dt$$

となりますが，

$$\lim_{\beta\to\infty}\left(1-\frac{xt}{\beta}\right)^{-\beta} = e^{xt}$$

に注意すると，これも $\lim_{\beta\to\infty}$ と $\int_0^1$ が交換できるなら，積分表示 (2.5) を与えることが分かります．

こうして超幾何関数の三つの顔が，極限をとることで合流型超幾何関数の三つの顔へそれぞれ変貌することが分かりましたが，なぜこの極限操作を合流と呼ぶのでしょうか．古典的には次のように考えられてきました．微分方程式を見てみましょう．合流前は $x = 0, 1, \infty$ に確定特異点を持つ方程式で，新変数 $x = \beta x_1$ について見ると，(2.25) から分かるように $x = 0, \beta, \infty$ が確定特異点

になっています．ここで $\beta \to \infty$ とすることで，確定特異点 $x = \beta$ が，もう一つの確定特異点 $x = \infty$ に合流することになります．

```
  ○                    ○━━▶  ○
  0                    β      ∞
```

図 2.3

そして $x = \infty$ は二つの確定特異点が合流したことにより，もはや確定特異点ではなく，不確定特異点となります．

問 7 (2.4) の $x = \infty$ は不確定特異点であることを示せ．

つまり合流とは，特異点の合流を意味していました．

さてこのような合流は他にもいろいろ知られていて，Bessel 関数，Hermite-Weber 関数，Airy 関数など物理学でも重要な特殊関数が，変数変換や極限操作を組み合わせることで得られます．Bessel 関数，Hermite-Weber 関数，Airy 関数はそれぞれ微分方程式

$$y'' + \frac{1}{x}y' + \left(1 - \frac{\nu^2}{x^2}\right)y = 0 \tag{2.26}$$

$$y'' - 2xy' + 2\nu y = 0 \tag{2.27}$$

$$y'' - xy = 0 \tag{2.28}$$

の解であり（ここで ν はパラメター），さらに Bessel 関数 $J_\nu(x)$ と Airy 関数 $Ai(x)$ はそれぞれ次の表示で特定されます．

$$J_\nu(x) = \sum_{n=0}^{\infty} \frac{(-1)^n}{n!\Gamma(\nu+n+1)} \left(\frac{x}{2}\right)^{\nu+2n} \tag{2.29}$$

$$Ai(x) = \frac{1}{2\pi i} \int_\Gamma e^{xt - \frac{t^3}{3}} dt \tag{2.30}$$

ここで (2.30) における積分路は，図 2.4 により与えられます．Bessel 関数は円筒座標で Laplacian[*1)]を変数分離するときに現れ，太鼓の音の解析などに用い

[*1)] Laplacian Δ とは偏微分作用素で，(x, y, z)-空間における Laplacian は $\Delta = \frac{\partial^2}{\partial x^2} + \frac{\partial^2}{\partial y^2} + \frac{\partial^2}{\partial z^2}$ で与えられる．

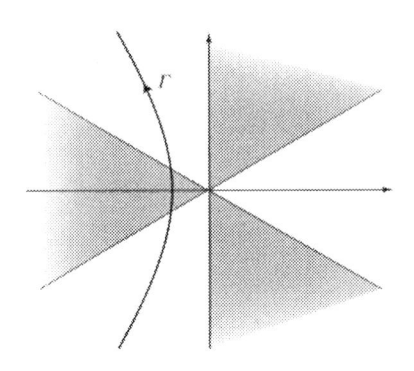

図 2.4 積分路 Γ

られます.また Airy 関数は,虹の研究という光学の問題から生まれ,いろいろな現象の解明に使われています.

Hermite-Weber 関数については,標準的な特定の仕方が見当たらないようなので,ここでは以下の方法で特定しておきましょう.微分方程式 (2.27) のパラメター ν が 0 以上の整数 n に等しい場合には,(2.27) は確率論などで重要な働きをする Hermite 多項式

$$H_n(x) = (-1)^n e^{x^2} \frac{d^n}{dx^n} e^{-x^2}$$
$$= \sum_{m=0}^{[\frac{n}{2}]} \frac{(-1)^m n!}{m!(n-2m)!}(2x)^{n-2m} \quad (2.31)$$

を解に持ちます.ただしここで記号 $[a]$ は Gauss 記号と呼ばれ,a を超えない最大の整数を表します.第 0 章で紹介した Cauchy の積分公式を用いて,

$$e^{-x^2} = \frac{1}{2\pi i} \int_{C_x} \frac{e^{-\zeta^2}}{\zeta - x} d\zeta$$

と表します.ここで積分路 C_x は,ζ-平面で $\zeta = x$ のまわりを正の向きに一周する閉曲線です.この両辺を x で n 回微分することで,(2.31) の $\frac{d^n}{dx^n} e^{-x^2}$ の部分が積分で表され,したがって Hermite 多項式の積分表示

2.3 合流

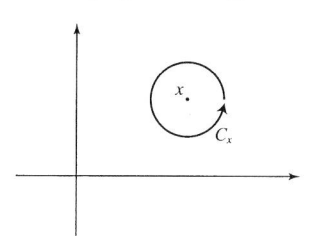

図 2.5 積分路 C_x

$$H_n(x) = (-1)^n \frac{e^{x^2} n!}{2\pi i} \int_{C_x} \frac{e^{-\zeta^2}}{(\zeta-x)^{n+1}} d\zeta$$

が得られます．ここで積分変数の変換 $x - \zeta = t$ を行うと，

$$H_n(x) = \frac{n!}{2\pi i} \int_{C_0} e^{2xt-t^2} t^{-n-1} dt \tag{2.32}$$

という表示になります．ここで C_0 は t-平面で原点のまわりを正の向きに一周する閉曲線です．

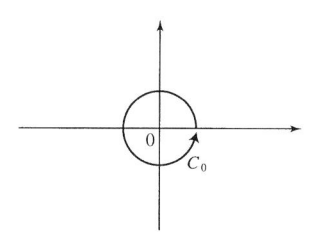

図 2.6 積分路 C_0

この Hermite 多項式の積分表示を基に，パラメター ν の値が 0 以上の整数 n に限らない場合の微分方程式 (2.27) の解を手に入れましょう．(2.32) を見ると，n は積分の前の $n!$ と積分の中の t^{-n-1} のところに現れており，そのうち $n!$ は，(1.23) で見たように $n! = \Gamma(n+1)$ と表すと，n が整数でなくても定義されます．t^{-n-1} の方は見掛け上もっと簡単で，単に $t^{-\nu-1}$ で置き換えればよいのですが，ν が整数でないときは $t^{-\nu-1}$ は多価関数になってしまうので，その影響で積分路 C_0 を変更しなくてはいけなくなります．つまり積分表示

$$H_\nu(x) = \frac{\Gamma(\nu+1)}{2\pi i} \int_C e^{2xt-t^2} t^{-\nu-1} dt \tag{2.33}$$

において，積分路 C を，この積分が収束し，$H_\nu(x)$ が微分方程式 (2.27) の解となり，かつ $\nu = n$ の場合に (2.32) と一致するようにとる必要があるのです．この要請は図 2.7 の C により実現されます．

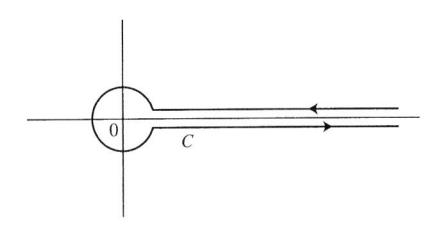

図 2.7 積分路 C

問 8 図 2.7 の積分路 C が上に挙げた要請をみたすことを示せ．また図 2.4 に与えられた積分表示 (2.30) における積分路 Γ の意味についても考察せよ．

(2.33) をもって Hermite-Weber 関数を特定しておきましょう．

さて，これらの特殊関数は，Kummer の合流型超幾何関数からそれぞれのルートで手に入れることができます．まず Bessel 関数を手に入れるには，次の公式によります．

$$J_\nu(x) = \frac{e^{-ix}\left(\frac{x}{2}\right)^\nu}{\Gamma(\nu+1)} F\left(\nu+\frac{1}{2}, 2\nu+1; 2ix\right) \tag{2.34}$$

Hermite-Weber 関数を手に入れるには，合流を行います．合流型超幾何微分方程式 (2.4) を旧変数 x_1 についての方程式と思い，パラメーター γ と合流後の新変数 x を

$$x_1 = \frac{\sqrt{2}}{\varepsilon} x + \frac{1}{\varepsilon^2}, \quad \gamma = \frac{1}{\varepsilon^2} \tag{2.35}$$

により定めます．これらを (2.4) に代入して $\varepsilon \to 0$ という極限をとることにより，合流後の微分方程式

$$y'' - 2xy' - 2\alpha y = 0$$

が得られます．パラメターの置き換え $\alpha = -\nu$ を行うと，これは Hermite-Weber の微分方程式 (2.27) に他なりません．この操作 (2.35) も，特異点の合流という見方ができます．合流型超幾何方程式の確定特異点 $x_1 = 0$ は，(2.35) により $x = -1/(\sqrt{2}\varepsilon)$ に移り，$\varepsilon \to 0$ に伴ってもとからある不確定特異点 $x = \infty$ に合流していくのです．

Airy 関数に到るには，まず Hermite-Weber の方程式 (2.27) に対して未知関数の変換

$$y = e^{\frac{x^2}{2}} z \qquad (2.36)$$

を行います．すると z に対する方程式は

$$z'' + (\lambda - x^2) z = 0 \qquad (2.37)$$

となることが分かります．ただしここで

$$2\nu + 1 = \lambda$$

とおきました．方程式 (2.37) は Weber の方程式と呼ばれます．これを旧変数 x_1 についての方程式と思い，パラメター λ と合流後の新変数 x を

$$x_1 = \frac{\varepsilon}{2} x + \frac{1}{\varepsilon^3}, \quad \lambda = \frac{1}{\varepsilon^6} \qquad (2.38)$$

により定めます．これらを (2.37) に代入して $\varepsilon \to 0$ という極限をとると，方程式

$$z'' - xz = 0$$

が得られます．未知関数を y に置き換えれば，これは Airy の微分方程式 (2.28) に一致します．

このようにして，Bessel 関数，Hermite-Weber 関数，Airy 関数といった有用な特殊関数が，合流型超幾何関数から構成されます．その合流型超幾何関数自身も，超幾何関数から構成されるのでした．そしてこれらの構成法を追跡す

ることで，Bessel 関数などに関する接続係数などさまざまな量が，合流型超幾何関数の，したがってさかのぼって超幾何関数の対応する量から，具体的に計算できることになるのです．

このように (2.24), (2.35), (2.38) といった操作や関係式 (2.34) は応用上も有用なものですが，同時に，超幾何関数とその仲間たちが深く結びついているという構造を示唆しています．その構造とはいったい何でしょうか．特異点の合流というのは一つのとらえ方ですが，確かに超幾何関数から合流型超幾何関数へ，および合流型超幾何関数から Hermite-Weber 関数へは特異点が合流していますが，それ以外では別に特異点の合流は起きていません．しかしたとえば Hermite-Weber から Airy へ向かう操作 (2.38) などは，(2.24), (2.35) とよく似ていて，共通のとらえ方をしたくなります．特異点の合流という以外の，自然な構造はないものでしょうか．

これに対する解答は，超幾何関数の積分表示に対する深い理解の後作り上げられた一般合流超幾何関数の理論によって与えられます．それらは第 3 章で説明されます．

3

積 分 表 示

1.3 節では超幾何関数の積分表示 (1.18), (1.32) を駆使して接続問題を解きましたが, その議論の礎となっていた命題 1.3.2 の証明を積み残していました. そこでまずその証明を与えます. その証明を通して, Euler 型積分表示の自然なとらえ方が見えてきます. こうして我々は局所系係数のホモロジー (homology) 群, コホモロジー (cohomology) 群を用いた定式化に至ります. そしてこの定式化のもとで, 新しい超幾何関数の大きなクラスを自然につかまえることができるのです.

3.1 命題 1.3.2 の証明

$p, q \in \{0, 1, 1/x, \infty\}$ とするとき

$$f_{pq}(x) = \int_p^q t^{\alpha-1}(1-t)^{\gamma-\alpha-1}(1-xt)^{-\beta} dt \tag{3.1}$$

が超幾何微分方程式 (1.5) の解となる, というのが標記の命題でした. p, q をどのように選んでも積分が収束するためには, たとえば

$$0 < \operatorname{Re}(\alpha) < \operatorname{Re}(\gamma) < \operatorname{Re}(\beta) + 1 < 2 \tag{3.2}$$

を仮定しておけば十分です. 条件 (3.2) は, 1.3 節で説明したガンマ関数の解析接続と同様の方法でゆるめることができます. また積分路をうまく取り替えることで, やはりゆるめることができますが, それについては 3.2 節で触れられます.

問 1 条件 (3.2) の各不等式は, どの広義積分の収束に対応しているか.

さて, $\{0, 1, 1/x, \infty\}$ はそもそも被積分関数 $t^{\alpha-1}(1-t)^{\gamma-\alpha-1}(1-xt)^{-\beta}$ の

分岐点の集合でしたから，この命題の主張を担っているのはもっぱら被積分関数であるということになります．ここでは，被積分関数自身ではなく

$$\Phi = t^{\alpha}(1-t)^{\gamma-\alpha}(1-xt)^{-\beta} \tag{3.3}$$

を考えましょう．もちろん Φ の分岐点の集合も，$\{0, 1, 1/x, \infty\}$ のままです．Φ を用いて f_{pq} を記述するため，1-形式

$$\varphi_1 = \frac{dt}{t(1-t)} \tag{3.4}$$

を導入します．すると f_{pq} は

$$f_{pq} = \int_p^q \Phi \varphi_1$$

と表されます．一般に 1-形式 φ, ψ に対し，$p, q \in \{0, 1, 1/x, \infty\}$ を結ぶあらゆる道 Δ について

$$\int_\Delta \Phi \varphi = \int_\Delta \Phi \psi$$

が成り立つときに，

$$\varphi \equiv \psi$$

と書くことにしましょう．

補題 3.1.1

$$\alpha \frac{dt}{t} - (\gamma - \alpha) \frac{dt}{1-t} + \beta x \frac{dt}{1-xt} \equiv 0 \tag{3.5}$$

証明　Φ の外微分 $d\Phi$ は，Φ を t で微分してそれに dt を書き加えたものですが，次のように書くことができます．

$$\begin{aligned}
d\Phi &= \frac{d\Phi}{dt} dt \\
&= \Phi \cdot \frac{\frac{d\Phi}{dt}}{\Phi} dt \\
&= \Phi \frac{d}{dt} \log \Phi \, dt \\
&= \Phi \left(\frac{\alpha}{t} - \frac{\gamma - \alpha}{1-t} + \frac{\beta x}{1-xt} \right) dt
\end{aligned}$$

3.1 命題 1.3.2 の証明

一方，微分積分学の基本定理により

$$\int_p^q d\Phi = \int_p^q \frac{d\Phi}{dt} dt = [\Phi]_p^q = 0 \tag{3.6}$$

となります．p, q は Φ の分岐点でしたが，条件 (3.2) によって分岐点における Φ の値は 0 になるからです．したがって

$$\int_p^q \Phi \left(\frac{\alpha}{t} - \frac{\gamma - \alpha}{1-t} + \frac{\beta x}{1-xt} \right) dt = 0$$

ということになり，上の表記法に従うと (3.5) が成り立つということになるのです．∎

命題の証明のため，補助的な 1-形式

$$\varphi_2 = \frac{dt}{t}$$

を用意します．一般に 1-形式 φ に対して

$$\frac{d}{dx} \int_p^q \Phi \varphi = \int_p^q \Phi \left(\frac{\frac{\partial}{\partial x}\Phi}{\Phi} \varphi + \frac{\partial}{\partial x} \varphi \right)$$

となりますから，

$$\nabla_x \varphi = \frac{\frac{\partial}{\partial x}\Phi}{\Phi} \varphi + \frac{\partial}{\partial x} \varphi$$

とおくことにして，$\nabla_x \varphi_1, \nabla_x \varphi_2$ を計算していきましょう．まず部分分数展開により

$$\varphi_1 = \frac{dt}{t} + \frac{dt}{1-t} = \varphi_2 + \frac{dt}{1-t} \tag{3.7}$$

が成り立つことに注意しておきます．はじめに $\nabla_x \varphi_2$ を計算します．

$$\nabla_x \varphi_2 = 6\frac{1}{\Phi}\frac{\partial \Phi}{\partial x}\frac{dt}{t}$$
$$= \frac{\beta t}{t(1-xt)}dt$$
$$= \frac{\beta dt}{1-xt}$$
$$\equiv \frac{1}{x}\left(-\alpha\frac{dt}{t} + (\gamma-\alpha)\frac{dt}{1-t}\right)$$
$$= -\frac{\alpha}{x}\varphi_2 + \frac{\gamma-\alpha}{x}(\varphi_1 - \varphi_2)$$
$$= \frac{\gamma-\alpha}{x}\varphi_1 - \frac{\gamma}{x}\varphi_2 \tag{3.8}$$

4 行目の $\equiv$ を示すのに,補題 3.1.1 を使いました.$\nabla_x\varphi_1$ については,(3.7) と (3.8) を用いて

$$\nabla_x\varphi_1 = \nabla_x\varphi_2 + \frac{\beta t}{(1-t)(1-xt)}dt$$
$$= \nabla_x\varphi_2 + \frac{\beta}{1-x}\left(\frac{dt}{1-t} - \frac{dt}{1-xt}\right)$$
$$= \nabla_x\varphi_2 + \frac{\beta}{1-x}(\varphi_1-\varphi_2) - \frac{1}{1-x}\nabla_x\varphi_2$$
$$= \frac{x}{x-1}\nabla_x\varphi_2 - \frac{\beta}{x-1}(\varphi_1-\varphi_2)$$
$$\equiv \frac{1}{x-1}((\gamma-\alpha)\varphi_1 - \gamma\varphi_2) - \frac{\beta}{x-1}(\varphi_1-\varphi_2)$$
$$= \frac{\gamma-\alpha-\beta}{x-1}\varphi_1 + \frac{\beta-\gamma}{x-1}\varphi_2 \tag{3.9}$$

と計算されます.2 行目の = は,部分分数展開

$$\frac{t}{(1-t)(1-xt)} = \frac{1}{1-x}\left(\frac{1}{1-t} - \frac{1}{1-xt}\right)$$

によります.(3.8) と (3.9) をまとめると,

$$\nabla_x\begin{pmatrix}\varphi_1\\\varphi_2\end{pmatrix} = \begin{pmatrix}\frac{\gamma-\alpha-\beta}{x-1} & \frac{\beta-\gamma}{x-1}\\ \frac{\gamma-\alpha}{x} & \frac{-\gamma}{x}\end{pmatrix}\begin{pmatrix}\varphi_1\\\varphi_2\end{pmatrix}$$

ということになります.これはすなわち,$z_j = \int_p^q \Phi\varphi_j \ (j=1,2)$ とおくとき,

$Z = \begin{pmatrix} z_1 \\ z_2 \end{pmatrix}$ が微分方程式

$$\frac{d}{dx}Z = \begin{pmatrix} \frac{\gamma-\alpha-\beta}{x-1} & \frac{\beta-\gamma}{x-1} \\ \frac{\gamma-\alpha}{x} & \frac{-\gamma}{x} \end{pmatrix} Z \qquad (3.10)$$

をみたすということを意味します．$z_1 = f_{pq}$ でしたから，(3.10) から z_1 の満たす方程式を計算してみると，確かに超幾何微分方程式 (1.5) になることが分かります．これで命題 1.3.2 の証明が完結します．■

問 2 (3.10) から z_2 を消去することで，z_1 のみたす微分方程式を導け．

3.2　局所系係数の homology・cohomology

今の証明を振り返ってみると，超幾何微分方程式の解の積分表示を牛耳っているのは多価関数 Φ であり，被積分関数はもちろんのこと，積分路も Φ の分岐点として決まりました．このような状況を自然にとらえるのに，局所系係数の homology と cohomology の概念が有効です．この節ではこれらの概念を，きちんとした定義は避けながら説明したいと思います．

局所系とは，多価関数の多価性をとらえる概念です．我々はすでに二つの多価関数に出会っています．一つは超幾何関数 $F(\alpha, \beta, \gamma; x)$ 自身であり，もう一つはその積分表示を牛耳っている $\Phi = t^\alpha (1-t)^{\gamma-\alpha}(1-xt)^{-\beta}$ です．これらはそれぞれ

$$X_1 = \mathbf{P}^1 \setminus \{0, 1, \infty\}$$
$$X_2 = \mathbf{P}^1 \setminus \{0, 1, 1/x, \infty\}$$

という空間上定義されていて，その多価性は次のようになっていました．まず Φ については単純で，空間 X_2 内で $t = 0, 1, 1/x, \infty$ をそれぞれ正の向きに一周する道に沿った解析接続が，Φ の値にそれぞれ

$$e(\alpha), \quad e(\gamma-\alpha), \quad e(-\beta), \quad e(\beta-\gamma)$$

を掛けるという形で表されます．

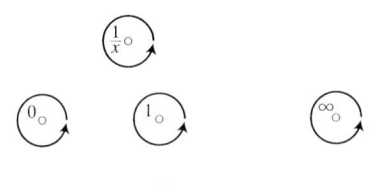

図 3.1

超幾何関数 $F(\alpha,\beta,\gamma;x)$ の場合はもう少し複雑で，1.2 節で説明したように，その多価性を記述するには $F(\alpha,\beta,\gamma;x) = y_1(x)$ だけでは足りずに，$y_2(x) = x^{1-\gamma}F(\alpha-\gamma-1,\beta-\gamma-1,2-\gamma;x)$ の助けを必要とします．$y_1(x), y_2(x)$ を並べたベクトル $\mathcal{Y}(x) = (y_1(x), y_2(x))$ について，X_1 内で $x=0,1$ をそれぞれ正の向きに一周する道に沿った解析接続が，$\mathcal{Y}(x)$ にそれぞれ M_0, M_1 という 2 次正則行列（回路行列）を右から掛けるという形で表されるのでした．このように，集合 X 上の多価関数を成分とするベクトル $V(x)$ があり，その多価性が $V(x)$ に正則行列を掛けるという形で表されるとき，$V(x)$ は一つの（X 上の）**局所系**を定めると言い，ベクトルのサイズをその局所系の**階数**と呼びます．したがって Φ は X_2 上の階数 1 の局所系を定め，$\mathcal{Y}(x)$ は X_1 上の階数 2 の局所系を定めるということになります．流用して，$F(\alpha,\beta,\gamma;x)$ が X_1 上の階数 2 の局所系を定める，という言い方もします．

ところで今の説明では，その定められる局所系とはいったい何者なのか，よく分からないかもしれません．局所系そのものを直接定義することはもちろん可能で，一言でいえば局所定数層ということになりますが，それを理解するにはまず「層」の定義が必要となり，本書の守備範囲を越えてしまいます．そこで本書では，局所系をそれと等価な「基本群の表現」と見なすことにして，後者について説明しましょう．

集合（きちんと言うなら弧状連結な位相空間）X とその中の 1 点 x_0 を考えます．x_0 を始点かつ終点とする X 内の道（閉曲線）L_1, L_2 について，L_1 を X 内で連続的に変形して L_2 にもっていけるとき，L_1 と L_2 は同値であると言い，この二つを区別しません．また x_0 を始点とし，はじめに L_1 に沿って旅をして一度 x_0 に戻ってきてから，今度は L_2 に沿って旅をして x_0 に戻ってくる道は，やはり x_0 を始点かつ終点とする X 内の道になります．これを $L_1 \cdot L_2$

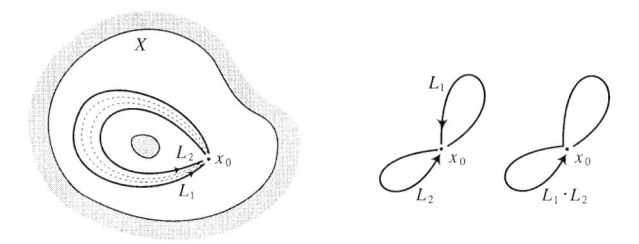

3.2 局所系係数の homology・cohomology

図 3.2

と表します.また L_1 を逆にたどる道も x_0 を始点かつ終点とする X 内の道になります.これを L_1^{-1} で表します.このようにして連続的に変形できるものを区別しない道たちの間に,積と逆が定義されることになり,この道たちの集まりは群をなすことが分かります.この群のことを X の x_0 を基点とする**基本群**と言い,$\pi_1(X, x_0)$ で表します[*1].一方,複素数を成分とする n 次正則行列の全体にも積と逆が定義され,やはり群となります.それを一般線形群と呼び,$\mathrm{GL}(n, \mathbf{C})$ で表します.そして,群 $\pi_1(X, x_0)$ から群 $\mathrm{GL}(n, \mathbf{C})$ への準同型のことを,基本群 $\pi_1(X, x_0)$ の**表現**と呼び,n のことを表現の次数と言います.つまり,X 内の x_0 を始点かつ終点とする道の一つ一つに,n 次正則行列が対応していて,道の積には行列の積が,道の逆には逆行列が対応しているという状況が,基本群の表現です.準同型を ρ とすると,式では次のように表されます.

$$\rho : \pi_1(X, x_0) \to \mathrm{GL}(n, \mathbf{C})$$
$$\rho(L_1 \cdot L_2) = \rho(L_1)\rho(L_2), \quad \rho(L_1^{-1}) = (\rho(L_1))^{-1} \tag{3.11}$$

上で,我々が出会った二つの多価関数 $F(\alpha, \beta, \gamma; x), \Phi$ の多価性を思い出しましたが,それらはまさに基本群の表現と見ることができます.$F(\alpha, \beta, \gamma; x)$ の場合を見てみましょう.1.2 節の記号を使うと,L_0, L_1 はともに $\pi_1(X_1, 1/2)$ の元であり,$F(\alpha, \beta, \gamma; x)$ の,正確に言うと $\mathcal{Y}(x)$ の,L_0, L_1 に沿った解析接続の結果が,それぞれ,2 次正則行列である回路行列 M_0, M_1 で表されるので,これは $\mathcal{Y}(x)$ の介在により,道 L_0, L_1 に行列 M_0, M_1 を対応させる対応が定義されているということになります.ではたとえば道 $L_0 \cdot L_1$ にはどんな行列が対

[*1] ちゃんとした定義は,位相幾何学(トポロジー)の解説書を見て下さい.

応するでしょうか.それにはこの道に沿った $\mathcal{Y}(x)$ の解析接続を知ればよくて,まず L_0 に沿って解析接続すると $\mathcal{Y}(x)M_0$ となり,これをさらに L_1 に沿って解析接続すると,

$$(\mathcal{Y}(x)M_1)M_0 = \mathcal{Y}(x)(M_1M_0)$$

となりますから,結局 $L_0 \cdot L_1$ には行列 $M_1 M_0$ が対応することになります.これはだいたい (3.10) の条件に合っていて,ただ行列の積の順番が逆になっています.このような対応を厳密には反表現と呼びますが,実害がないので多くの文献と同様に本書でも反表現も表現と呼ぶことにしてしまいます.このように線形微分方程式の解の解析接続から定まる基本群の表現のことを,特に **monodromy** 表現と呼びます.

まとめると,線形微分方程式の解を成分とするベクトル $V(x)$ があると,monodromy 表現が定まり,それは基本群の表現なわけですから(定義はしてないけれど)局所系が定まるということと同じです.

$$\text{線形微分方程式} \to \text{monodromy表現} = \text{局所系} \qquad (3.12)$$

この線形微分方程式と局所系の関係については,第 5 章であらためて取り上げられます.

さて,積分表示 (3.1) に戻って考察を進めましょう.まず積分路を考察します.(3.1) の積分路は Φ の分岐点 p, q を結ぶ道でしたが,3.1 節の証明をたどってみると,そのような道を採用する理由は (3.6) の左辺を 0 にするところにあります.つまり積分路となりうるのは,

$$\int_\Delta d\Phi = 0 \qquad (3.13)$$

をみたす道 Δ ということになります.条件 (3.2) のもとでは,分岐点を結ぶ道はこの条件をクリアしているのでした.条件 (3.13) をみたす道はそれ以外にもあります.図 3.3 で与えられる積分路は,Pochhammer の積分路として知られるもので,やはり条件 (3.13) を満たします.

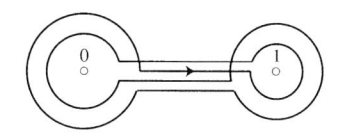

図 3.3　Pochhammer の積分路 $C(1+, 0+, 1-, 0-)$

Pochhammer の積分路 $C(1+, 0+, 1-, 0-)$ が (3.13) をみたすことをチェックしましょう．$C(1+, 0+, 1-, 0-)$ はややこしい形をしていますが，始点と終点が同じである閉曲線ですから，いわば (3.6) において $q = p$ となっているようなもので，積分値が 0 となるのは $[\Phi]_p^p = \Phi(p) - \Phi(p)$ だから一見当たり前です．しかし $\Phi(t)$ は多価関数でしたから，閉曲線に対し始点での Φ の値と終点での Φ の値は，必ずしも一致しません．$C(1+, 0+, 1-, 0-)$ の場合は，$C(1+, 0+, 1-, 0-)$ に沿って解析接続していったときの Φ の値の変化を追跡すると，始点と終点での値が同じになることが確かめられ，それでやっと (3.13) をみたすことが分かるのです．

問 3　このことを確かめよ．

この例は，積分路を考えるときは，道の形状と同時に，その上における Φ の分枝も考慮しなくてはならないということを示しています．そこで以下では，道 Δ といえば，その上の Φ の分枝が指定されているものを指すことにします．そのような道に対して，「境界作用素（boundary 作用素）」∂ を次のように定義します．ふつうの意味では線の境界はその端点と考えられますから，境界作用素は線を点に写すような写像として定義されます．そのため $\mathbf{P}^1$ 上の点 p を，複素数あるいは ∞ とは区別して，幾何学的な点，つまり $\mathbf{P}^1$ 上の位置を表すものとして扱う必要が生じます．そこで $p \in \mathbf{P}^1$ を幾何学的な点と見るときには，$[p]$ という記号を用いることにしましょう．さて，Δ を p を始点，q を終点とする X_2 内の道とするとき，境界作用素 ∂ を

$$\partial \Delta = \Phi(q)[q] - \Phi(p)[p] \tag{3.14}$$

と定めます．もちろんここで $\Phi(q)$ および $\Phi(p)$ は，指定された分枝により確定する値です．この定義の使い方で重要なのは，どんなときに $\partial \Delta = 0$ となるか

ということですが, $p \neq q$ のときは $\Phi(q) = \Phi(p) = 0$ のときに限り $\partial\Delta = 0$ となり, $p = q$ のときは $\Phi(q) = \Phi(p)$ のときに限り $\partial\Delta = 0$ となる, と理解して下さい. X_2 内の道 $\Delta_1, \ldots, \Delta_m, c_1, \ldots, c_m \in \mathbf{C}$ に対して, 道の形式和 $\sigma = c_1 \Delta_1 + \cdots + c_m \Delta_m$ を考えます. これにはもはや道としての意味はありませんが, 1-形式 φ が与えられるごとに積分

$$\int_\sigma \Phi\varphi = c_1 \int_{\Delta_1} \Phi\varphi + \cdots + c_m \int_{\Delta_m} \Phi\varphi \tag{3.15}$$

を対応させるものとして意味を持ちます. σ のことを 1-chain と呼びます. 1-chain σ に対して, 境界作用素 ∂ を

$$\partial(c_1 \Delta_1 + \cdots + c_m \Delta_m) = c_1 \partial(\Delta_1) + \cdots + c_m \partial(\Delta_m) \tag{3.16}$$

により定義しましょう. そして $\partial(\sigma) = 0$ となる 1-chain σ のことを, **twisted cycle** と呼びます. 1-chain の意味付け (3.15) とそれに対する境界作用素の定義 (3.16) により, twisted cycle σ とは,

$$\int_\sigma d\Phi = 0$$

となる 1-chain のことであることが分かります. つまり積分路としては, twisted cycle をとればよいのです.

問4 (3.13) を成り立たせるためには, 境界作用素の定義として (3.14) の代わりに $\partial\Delta = \Phi(q) - \Phi(p)$ としても良さそうだが, そうではなくなぜ (3.14) のように定義したのか考察せよ.

Pochhammer の積分路 $C(1+, 0+, 1-, 0-)$ のようなふつうの道は, もちろん 1-chain の特別な場合と見なされますから, 上で見たように $C(1+, 0+, 1-, 0-)$ は twisted cycle になります. Φ の分岐点 $p, q \in \{0, 1, 1/x, \infty\}$ を結ぶ道 Δ_{pq} については, 厳密に言うと 1-chain の範疇に入りません. というのは, その両端の点 p, q が X_2 に含まれないからです. そこでこのような道は, p あるいは q に向かう X_2 内の道が無限に連なっているものとして扱う必要があります. つまり道の有限個の形式和ではなく, 無限個の形式和と見なすのです. やみく

3.2 局所系係数の homology・cohomology

図 3.4 locally finite chain

もに無限個の形式和を許すと，その上の積分の意味付けに支障を来す可能性があるので，locally finite[*1)]という条件を付けます．すると Δ_{pq} は locally finite となり，条件 (3.2) のもとで $\lim_{t\to p} \Phi(t) = \lim_{t\to q} \Phi(t) = 0$ が成り立つのに応じて，$\int_{\Delta_{pq}} d\Phi = 0$ が成り立ち，したがって twisted cycle と思うことができます．1-chain と locally finite な 1-chain の区別は理論的には重要ですが，本書では区別せず，単に 1-chain という名でくくることにさせていただきます．

一本の道では表されないような有限和となっている twisted cycle もあります．図 3.5 のような三本の道 $\Delta_1, \Delta_2, \Delta_3$ をとり，それらの上の Φ の分枝を，Δ_1 の始点における分枝と Δ_2 の始点における分枝が一致し，また Δ_2 の終点における分枝と Δ_3 の始点における分枝が一致するように定めます．

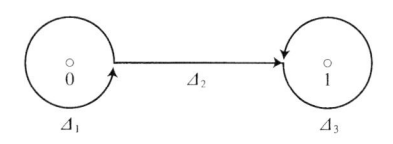

図 3.5

このとき 1-chain

$$\sigma = \frac{-1}{1-e(\alpha)}\Delta_1 + \Delta_2 + \frac{1}{1-e(\gamma-\alpha)}\Delta_3 \qquad (3.17)$$

は twisted cycle となります．

問 5 (i) (3.17) の σ が twisted cycle となることを確かめよ．
(ii) (3.17) の σ に $(1-e(\alpha))(1-e(\gamma-\alpha))$ を掛けたものは，Pochhammer の積分路 $C(1+, 0+, 1-, 0-)$ と一致することを示せ．

[*1)] X_2 の任意の compact 集合に対して，無限個の道の中でそれと交わる道が有限個しかない．

注意　Pochhammer の積分路 $C(1+,0+,1-,0-)$ や (3.17) の σ は，locally finite 1-chain Δ_{01} などと違って Φ の分岐点に触れていませんので，広義積分を考える必要がなく，したがって条件 (3.2) は不要となります．条件 (3.2) および $\alpha, \gamma - \alpha \notin \mathbf{Z}$ のもとで

$$\int_{\Delta_{01}} \Phi\varphi = \int_{\sigma} \Phi\varphi \tag{3.18}$$

が成り立つことから，σ 上の積分を考えることで，f_{01} は α および $\gamma - \alpha$ に関して (3.2) より広い範囲

$$\alpha,\ \gamma - \alpha \notin \mathbf{Z}_{\leq 0}$$

で定義されることになります．

次は積分表示 (3.1) の被積分関数を考察します．被積分関数を，多価関数 Φ と 1-形式 φ の積に分け，もっぱら 1-形式 φ の方に注目して計算を行うというのが 3.1 節での流儀でした．そして 3.1 節では二つの 1-形式 φ_1, φ_2 を導入し，それらの微分 $\nabla_x \varphi_j$ $(j=1,2)$ を計算しましたが，その計算においては（3.1 節の記号で）$\varphi \equiv \psi$ となる 1-形式は同じものとして扱うという点が肝要でした．つまり 1-形式は見掛け上のものであり，それと $\equiv$ で結ばれるあらゆる 1-形式が同じ働きをする，と考えなくてはならないのです．しかしこの認識で計算を実行するには，いったい何と何が $\equiv$ で結ばれるのかが分からないとどうしようもありません．それを記述するためには，どのような 1-形式が 0 と $\equiv$ で結ばれるか，言い換えると，任意の twisted cycle σ に対して

$$\int_{\sigma} \Phi\varphi = 0 \tag{3.19}$$

となる 1-形式は何か，ということを記述すれば十分です．なぜなら $\varphi \equiv \psi$ は $\varphi - \psi \equiv 0$ と同値だからです．

(3.19) をみたすような 1-形式は，補題 3.1.1 と同様なやり方で特徴づけられます．$f(t)$ を X_2 上の 1 価関数，σ を twisted cycle とするとき，微分積分学の基本定理より

$$0 = \int_\sigma d(\Phi f) = \int_\sigma \Phi \left(df + \frac{d\Phi}{\Phi} \wedge f \right)$$

が成り立ちます．そこで外微分 d の代わりに「共変微分」∇ を

$$\nabla = d + d\log\Phi\wedge \tag{3.20}$$

で定義すると，$\varphi = \nabla f$ となる 1-形式が $\equiv 0$ なものということになります．なお ∇ は 3.1 節に現れた ∇_x と紛らわしいですが，別物ですので注意して下さい．∇ を「双対境界作用素（coboundary 作用素）」と呼びます．

以上のとらえ方をまとめると，超幾何関数の積分表示とは，まずそれを支配する多価関数 Φ があり，twisted cycle（すなわち Φ に対して決まる境界作用素 ∂ で 0 になる 1-chain）の上で，1-形式でやはり Φ に対して決まる双対境界作用素 ∇ で 0 になるものを加えるという不定性を込めたものを Φ に乗じて積分したものである，ということになります．一言でいうと，twisted cycle σ と不定性を込めた 1-形式 φ との pairing（組合せ）ということです．この内容をすっきりと言い表す用語法が，局所系係数の homology および cohomology なのです．

まず多価関数 Φ が支配していることを表すため，Φ の多価性を表す局所系を導入します．この用語法の世界の流儀に則り，Φ ではなくその逆数 $1/\Phi$ が定める X_2 上の階数 1 の局所系を $\mathcal{L}$ とし，Φ が定めるやはり X_2 上の階数 1 の局所系を，$\mathcal{L}$ の双対局所系ということで $\mathcal{L}^\vee$ で表します．このとき，twisted cycle たちのなす集合は，X_2 上の $\mathcal{L}^\vee$ 係数の 1 次元 homology 群と呼ばれ，記号では $H_1(X_2, \mathcal{L}^\vee)$ で表されます．また $\equiv$ で結ばれるものを同じと見なした 1-形式の集合を，X_2 上の $\mathcal{L}$ 係数の 1 次元 cohomology 群と呼び，記号で $H^1(X_2, \mathcal{L})$ で表します．したがって超幾何関数の積分表示は，$H_1(X_2, \mathcal{L}^\vee)$ の元と $H^1(X_2, \mathcal{L})$ の元の pairing であるということになるのです．

$$\begin{aligned} H_1(X_2, \mathcal{L}^\vee) \times H^1(X_2, \mathcal{L}) &\to \mathbf{C} \\ (\sigma, \varphi) &\mapsto \int_\sigma \Phi\varphi \end{aligned} \tag{3.21}$$

この定式化は，超幾何関数の積分表示をとらえるのにしてはずいぶん大げさ

に思われるかもしれませんが，第2章に現れた超幾何関数の仲間たちをとらえるのにも非常に有効でもあり，さらに新しい超幾何関数の仲間たちを生み出す力を秘めているのです．特に多重積分で与えられる関数をとらえようという場合，多変数の多価関数の積分というとてもややこしいものを扱うことになりますが，この定式化がそのまま多次元化され，homology・cohomology 論のメカニズムが使えるので，ややこしさに煩わされることなくすっきりとその姿を見通すことが可能になります．本書では高次元の homology・cohomology 論を紹介することは避けます[*1)]が，上で説明した1次元の場合から類推してもらうことにしてこの定式化を流用させてもらい，次節以降でこの定式化が新しい超幾何関数たちを生み出す様を見ていきましょう．

3.3　Grassmann 多様体上の超幾何関数

積分表示を牛耳るのは多価関数 Φ であるという立場から，この節ではいろいろな Φ を与え，それから決まる局所系係数の homology・cohomology 群が何になるかを（証明ぬきで）紹介し，超幾何関数の大きなクラスをつかまえていきます．Φ が k 変数になると，対応して k 次元の homology 群 $H_k(X, \mathcal{L}^\vee)$ と k 次元の cohomology 群 $H^k(X, \mathcal{L})$ を考えることになります．これらの群はいずれも $\mathbf{C}$ 上の線形空間になるので，その次元と基底を与えることで記述することにします．

1° 2.2 節で扱った Jordan-Pochhammer 方程式 (2.21) の解の積分表示

$$y(x) = \int_b^c (t-x)^{\rho-1}(t-a_1)^{\alpha_1}(t-a_2)^{\alpha_2} \cdots (t-a_n)^{\alpha_n} dt \qquad (3.22)$$

を，今回の定式化で記述します．(3.22) に現れる1次式に記号を与えましょう．

$$\ell_0(t) = t - x, \quad \ell_j(t) = t - a_j \qquad (1 \le j \le n)$$

積分表示を支配する多価関数としては

[*1)] 興味のある人は [青本-喜多] を参照のこと．

3.3 Grassmann 多様体上の超幾何関数

$$\Phi = (t-x)^\rho (t-a_1)^{\alpha_1}(t-a_2)^{\alpha_2}\cdots(t-a_n)^{\alpha_n} = \ell_0(t)^\rho \prod_{j=1}^n \ell_j(t)^{\alpha_j}$$

を採用し，$X = \mathbf{P}^1 \setminus \{x, a_1, \ldots, a_n, \infty\}$ とおき，$1/\Phi$ で定まる X 上の階数 1 の局所系を $\mathcal{L}$，その双対局所系を $\mathcal{L}^\vee$ とします．このとき次の命題が成り立ちます．

命題 3.3.1 指数 $\rho, \alpha_1, \ldots, \alpha_n$ が非整数条件

$$\rho, \alpha_1, \ldots, \alpha_n, \rho + \sum_{j=1}^n \alpha_j \notin \mathbf{Z}$$

をみたすとき，次が成立する．

(i) homology 群 $H_1(X, \mathcal{L}^\vee)$ の次元は n であり，その基底として

$$\Delta_{xa_1}, \Delta_{a_1 a_2}, \Delta_{a_2 a_3}, \ldots, \Delta_{a_{n-1} a_n}$$

がとれる．ただし Δ_{pq} は p と q を結ぶ道を表す．

(ii) cohomology 群 $H^1(X, \mathcal{L})$ の次元も n であり，その基底として

$$d\log \frac{\ell_{j+1}}{\ell_j} \qquad (0 \le j \le n-1)$$

がとれる．

注意 locally finite 1-chain Δ_{pq} を考えるときは，(3.2) のような収束条件を必要としますが，(3.18) と同様の方法でその条件はゆるめることができるので，収束条件についてはいちいち言及しないことにします．

この命題により，$\Delta \in H_1(X, \mathcal{L}^\vee)$ に対して

$$f_j(x) = \int_\Delta \Phi d\log \frac{\ell_{j+1}}{\ell_j} \qquad (0 \le j \le n-1)$$

とおくとき，3.1 節と同様にして，$F(x) = \begin{pmatrix} f_0(x) \\ \vdots \\ f_{n-1}(x) \end{pmatrix}$ が微分方程式

$$\frac{d}{dx}F = A(x)F \tag{3.23}$$

をみたすということが示され，さらにこの方程式が Jordan-Pochhammer 方程式と等価なものとなることも分かります．homology 群・cohomology 群の次元が，方程式 (3.23) のサイズ，そして対応する Jordan-Pochhammer 方程式の階数に等しいことを注意しておきます．

2° いままでは Φ として 1 変数の 1 次式のベキ積を考えてきましたが，今度は多変数の 1 次式のベキ積を考えてみましょう． k 変数 $t = (t_1, t_2, \ldots, t_k)$ を用意し，n 本の 1 次式

$$\ell_j(t) = z_{0j} + t_1 z_{1j} + t_2 z_{2j} + \cdots + t_k z_{kj} \qquad (1 \leq j \leq n)$$

に対し

$$\Phi = \prod_{j=1}^{n} \ell_j(t)^{\alpha_j}$$

と定めます．各 $\ell_j(t)$ が 0 になるところが Φ の分岐点となりますから，$\mathcal{H}_j = \{t \in \mathbf{C}^k; \ell_j(t) = 0\}$ とおくとき，Φ の定義される空間として

$$X = \mathbf{C}^k \setminus \bigcup_{j=1}^{n} \mathcal{H}_j$$

をとります．今までと同様に，Φ から X 上の階数 1 の局所系 $\mathcal{L}, \mathcal{L}^\vee$ が定まります．すると $\Delta \in H_k(X, \mathcal{L}^\vee), \varphi \in H^k(X, \mathcal{L})$ に対して

$$f(z) = \int_\Delta \Phi \varphi \tag{3.24}$$

により，

$$z = \begin{pmatrix} z_{01} & z_{02} & \cdots & z_{0n} \\ z_{11} & z_{12} & \cdots & z_{1n} \\ \vdots & \vdots & & \vdots \\ z_{k1} & z_{k2} & \cdots & z_{kn} \end{pmatrix}$$

3.3 Grassmann 多様体上の超幾何関数

を変数とする多変数の超幾何関数が定義されるのです.

ここに現れた homology 群・cohomology 群を記述しましょう. 便宜上すべての $\ell_j(t)$ の係数 z_{ij} が実数であると仮定します. このとき $\mathcal{H}_j$ たちは実 k 次元空間 $\mathbf{R}^k$ 内の「超平面」を与えますが, それらが一般の位置にあると仮定します. 一般の位置にあるとは, たとえば $k=2$ の場合に説明すると, $\mathcal{H}_j$ たちは 2 次元平面 $\mathbf{R}^2$ 内の直線になりますが, どの 3 本の直線も 1 点で交わることがなく, どの 2 本の直線も重なることがない, という状態をいいます.

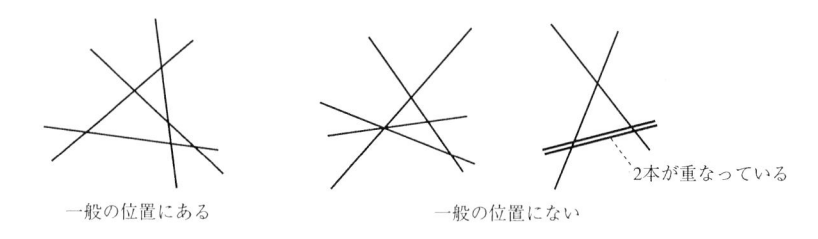

図 3.6

このとき次の命題が成り立ちます.

命題 3.3.2 指数 $\alpha_1, \ldots, \alpha_n$ が非整数条件

$$\alpha_1, \ldots, \alpha_n, \quad \sum_{j=1}^n \alpha_j \notin \mathbf{Z}$$

をみたすとき, 次が成立する.

(i) homology 群 $H_k(X, \mathcal{L}^\vee)$ の次元は $\binom{n-1}{k}$ であり, その基底として $\mathcal{H}_j$ たちで囲まれる領域のうち有界なもの (無限に延びていないもの) がとれる (図 3.7 参照).

(ii) cohomology 群 $H^k(X, \mathcal{L})$ の次元も $\binom{n-1}{k}$ であり, その基底として

$$\varphi_{j_1 j_2 \cdots j_k} := d\log \frac{\ell_{j_1+1}}{\ell_{j_1}} \wedge d\log \frac{\ell_{j_2+1}}{\ell_{j_2}} \wedge \cdots \wedge d\log \frac{\ell_{j_k+1}}{\ell_{j_k}}$$

$$(1 \le j_1 < j_2 < \cdots < j_k \le n-1)$$

がとれる.

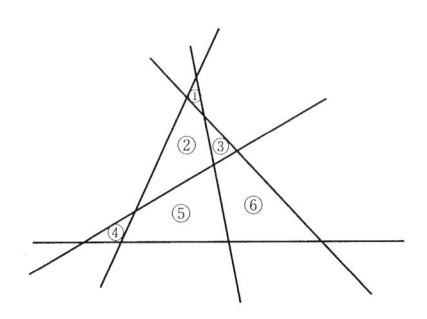

図 3.7 $k=2$, $n=5$ の場合の有界領域

この命題によって，(3.24) で与えられた新しい多変数超幾何関数は，ある連立偏微分方程式をみたすのですが，その方程式は階数 $\binom{n-1}{k}$ の Pfaff 系と同値になることが分かるのです．なおこのことから，意味のない場合を排除するため $n > k$ を仮定する必要があることが分かります．そこでこれをこの節を通して仮定します．

3° 今扱った積分表示 (3.24) において，変数 t の空間 $\mathbf{C}^k$ を射影化してみます．射影化というのは，無限遠点も同時にかつふつうの点と同等に扱う手法で，各座標の値を二つの数の比として書くことで実現されます．何通りもやり方がありますが，ここでは次のようにしましょう．$k+1$ 変数

$$\tau = (\tau_0, \tau_1, \ldots, \tau_k)$$

を用意し，

$$t_1 = \frac{\tau_1}{\tau_0},\ t_2 = \frac{\tau_2}{\tau_0}, \ldots, t_k = \frac{\tau_k}{\tau_0} \tag{3.25}$$

とするのです．もし $\tau_0 \neq 0$ なら，$(t_1, \ldots, t_k)$ はふつうの $\mathbf{C}^k$ の点ですが，$\tau_0 = 0$ の場合には，(3.25) で与えられる $(t_1, \ldots, t_k)$ はもはや $\mathbf{C}^k$ 内の点ではなく，$\mathbf{C}^k$

3.3 Grassmann 多様体上の超幾何関数

からはみ出した「無限遠点」になります．射影化は，無限遠点を別扱いすることで損なわれていたかもしれない対称性を発見するために有効な手段なのです．$\Phi dt_1 \wedge \cdots \wedge dt_k$ が射影化によりどのように書かれるかを見てみましょう．

$$\begin{aligned}
\Phi dt_1 \wedge \cdots \wedge dt_k &= \prod_{j=1}^n \left(z_{0j} + \frac{\tau_1}{\tau_0}z_{1j} + \cdots + \frac{\tau_k}{\tau_0}z_{kj}\right)^{\alpha_j} d\left(\frac{\tau_1}{\tau_0}\right) \wedge \cdots d\left(\frac{\tau_k}{\tau_0}\right) \\
&= \tau_0^{-\sum_{j=1}^n \alpha_j} \prod_{j=1}^n (\tau_0 z_{0j} + \tau_1 z_{1j} + \cdots + \tau_k z_{kj})^{\alpha_j} \\
&\quad \times \frac{\sum_{i=0}^k (-1)^i \tau_i d\tau_0 \wedge d\tau_1 \wedge \cdots \wedge d\tau_{i-1} \wedge d\tau_{i+1} \wedge \cdots \wedge d\tau_k}{\tau_0^{k+1}} \\
&= \tau_0^{\alpha_0} \prod_{j=1}^n (\tau_0 z_{0j} + \tau_1 z_{1j} + \cdots + \tau_k z_{kj})^{\alpha_j} \omega \quad (3.26)
\end{aligned}$$

ここで

$$\begin{cases} \alpha_0 = -\sum_{j=1}^n \alpha_j - (k+1) \\ \omega = \sum_{i=0}^k (-1)^i \tau_i d\tau_0 \wedge d\tau_1 \wedge \cdots \wedge d\tau_{i-1} \wedge d\tau_{i+1} \wedge \cdots \wedge d\tau_k \end{cases} \quad (3.27)$$

とおきました．対称性という観点から見ると，(3.26) の最後の式において 0 番目の 1 次式 $\tau_0^{\alpha_0}$ だけが特別な形をしています．そこでこれも他と同じ一般の 1 次式にしたものを考えてみます．つまりあらためて

$$\ell_j(\tau) = \tau_0 z_{0j} + \tau_1 z_{1j} + \cdots + \tau_k z_{kj} \qquad (0 \leq j \leq n)$$

という $n+1$ 本の 1 次式を考え，

$$\Phi = \prod_{j=0}^n \ell_j(\tau)^{\alpha_j} \quad (3.28)$$

とするのです．ただし (3.27) からの帰結として，

$$\sum_{j=0}^n \alpha_j = -(k+1) \quad (3.29)$$

は課しておきます．こうして我々は，

$$z = \begin{pmatrix} z_{00} & z_{01} & z_{02} & \cdots & z_{0n} \\ z_{10} & z_{11} & z_{12} & \cdots & z_{1n} \\ \vdots & \vdots & \vdots & & \vdots \\ z_{k0} & z_{k1} & z_{k2} & \cdots & z_{kn} \end{pmatrix}$$

という $(k+1) \times (n+1)$ 変数の

$$F(z) = \int_\Delta \Phi \omega \tag{3.30}$$

というさらに新しい超幾何関数を手に入れるのです．(3.30) における Δ は，言うなれば t-空間における twisted cycle の「射影化」ですが，ここではこれ以上触れません．

さて，$F(z)$ のみたす微分方程式の見つけ方は，今までと趣を異にします．変数 z は複素数を成分とする $(k+1) \times (n+1)$ 行列ですが，1 次式 $\ell_j(\tau)$ たちにとってはその係数を並べたもので，$\ell_j(\tau) = 0$ で決まる超平面たちが一般の位置にあるということに対応するのが，z の任意の $k+1$ 列をとってきてそれらを並べてできる $(k+1) \times (k+1)$ 行列の行列式が 0 にならないという条件になります．この条件をみたす z の集まりを $Z_{k+1,n+1}$ で表しましょう．$Z_{k+1,n+1}$ には左右からそれぞれ $\mathrm{GL}(k+1,\mathbf{C}), (\mathbf{C}^\times)^{n+1}$ が，行列の積として作用します．ここで $(\mathbf{C}^\times)^{n+1}$ は 0 でない複素数を $n+1$ 個並べたものですが，その $n+1$ 個の複素数が対角成分に並んでいる $(n+1)$ 次対角行列と見なします．

$$\begin{array}{ccc} \mathrm{GL}(k+1,\mathbf{C}) \times Z_{k+1,n+1} \times (\mathbf{C}^\times)^{n+1} & \to & Z_{k+1,n+1} \\ (g, z, h) & \mapsto & gzh \end{array} \tag{3.31}$$

(3.30) で定まる $F(z)$ は，この作用に関し次のように振る舞います．

命題 3.3.3

$$F(gz) = (\det g)^{-1} F(z) \tag{3.32}$$

$$F(zh) = F(z) \prod_{j=0}^{n} h_j{}^{\alpha_j}, \quad \text{ここに } h = \begin{pmatrix} h_0 & & & \\ & h_1 & & \\ & & \ddots & \\ & & & h_n \end{pmatrix} \tag{3.33}$$

証明 (3.33) は定義より明らかです．(3.32) を示しましょう．行列の積を用いると，

$$(\ell_0(\tau), \ell_1(\tau), \ldots, \ell_n(\tau)) = (\tau_0, \tau_1, \ldots, \tau_n)z = \tau z$$

と書かれます．よって $F(gz)$ の積分に現れる 1 次式を並べた $(k+1)$ ベクトルは，$\tau g z$ となりますが，新しい積分変数 σ を $\sigma = \tau g$ により導入すると，

$$\tau g z = \sigma z = (\ell_0(\sigma), \ell_1(\sigma), \ldots, \ell_n(\sigma))$$

となります．積分変数の変換に伴い，変換の Jacobian として $(\det g)^{-1}$ がかかってきますので，(3.32) が成り立ちます．■

命題 3.3.3 の関係式 (3.32), (3.33) は，$F(z)$ に対する微分方程式で表現することができます．そのような表現を，無限小（infinitesimal）版と呼びます．

命題 3.3.4

$$\sum_{j=0}^{n} z_{ij} \frac{\partial F}{\partial z_{pj}} = -\delta_{ip} F \quad (0 \leq i, p \leq k) \tag{3.34}$$

$$\sum_{i=0}^{k} z_{ij} \frac{\partial F}{\partial z_{ij}} = \alpha_j F \quad (0 \leq j \leq n) \tag{3.35}$$

ここで δ_{ip} は Kronecker の δ と呼ばれる記号で，$i = p$ のとき 1, $i \neq p$ のとき 0 を表す．

証明 $i \neq p$ として (3.34) を示します. u をパラメターとし, $g \in \mathrm{GL}(k+1, \mathbf{C})$ として, 次の特別な行列をとります.

$$g = \begin{array}{c} \\ p) \end{array}\begin{pmatrix} 1 & & \overset{i}{\smile} & & \\ & \ddots & u & & \\ & & & \ddots & \\ & & & & 1 \end{pmatrix}$$

すなわち g は, 単位行列の (p, i)-成分だけを 0 から u に変えたものです. このとき

$$gz = \begin{array}{c} \\ \\ p) \\ \\ \\ \end{array}\begin{pmatrix} z_{00} & \cdots & \cdots & z_{0n} \\ \vdots & & & \vdots \\ z_{p0} + uz_{i0} & \cdots & \cdots & z_{pn} + uz_{in} \\ \vdots & & & \vdots \\ z_{k0} & \cdots & \cdots & z_{kn} \end{pmatrix}$$

となります. 合成関数の微分法により

$$\frac{\partial}{\partial u} F(gz) = \sum_{j=0}^{n} z_{ij} \frac{\partial F}{\partial z_{pj}}(gz)$$

となるので, 両辺に $u = 0$ を代入すると (3.34) の左辺を得ます. 一方 $F(gz) = (\det g)^{-1} F(z) = F(z)$ なので, これを u で偏微分すると 0 となり, 上の結果と合わせて (3.34) が示されました ($i \neq p$ のときは, (3.34) の右辺の δ_{ip} は 0 でした). $i = p$ の場合には, g として

$$g = \begin{array}{c} \\ i) \end{array}\begin{pmatrix} 1 & & \overset{i}{\smile} & & \\ & \ddots & & & \\ & & u & & \\ & & & \ddots & \\ & & & & 1 \end{pmatrix}$$

をとり, $F(gz)$ を u で偏微分して $u = 1$ とおいたものを計算するとよい. (3.35) の証明には, h として

$$h = \begin{matrix} & & \overset{j}{\smile} & & \\ j) & \end{matrix} \begin{pmatrix} 1 & & & & \\ & \ddots & & & \\ & & u & & \\ & & & \ddots & \\ & & & & 1 \end{pmatrix}$$

をとり, $F(zh)$ をやはり u で偏微分して $u = 1$ とおいたものを計算するとよい. ■

これらの微分方程式の他に, $F(z)$ は別のタイプの微分方程式もみたします. 積分表示 (3.30) の被積分関数である (3.28) の Φ について

$$\frac{\partial \Phi}{\partial z_{ip}} = \frac{\alpha_i \tau_p}{\ell_i(\tau)} \Phi$$

が成り立つことに注意すると,

$$\frac{\partial^2 \Phi}{\partial z_{ip} \partial z_{jq}} = \frac{\alpha_i \alpha_j \tau_p \tau_q}{\ell_i(\tau) \ell_j(\tau)} \Phi = \frac{\partial^2 \Phi}{\partial z_{iq} \partial z_{jp}}$$

が分かりますから, これより直ちに

$$\frac{\partial^2 F}{\partial z_{ip} \partial z_{jq}} = \frac{\partial^2 F}{\partial z_{iq} \partial z_{jp}} \quad (0 \le i, j \le k \, ; \, 0 \le p, q \le n) \quad (3.36)$$

が導かれます. このとき次が成り立つことが分かります.

定理 3.3.1 微分方程式系 (3.34), (3.35), (3.36) の解は $Z_{k+1,n+1}$ 上の多価正則関数となり, またその解空間は $\binom{n-1}{k}$ 次元の線形空間をなす.

微分方程式系 (3.34), (3.35), (3.36) の解のことを, **Grassmann 多様体** $\mathrm{Gr}_{k+1,n+1}$ **上の超幾何関数**と呼びます. Grassmann 多様体 $\mathrm{Gr}_{k+1,n+1}$ につい

ては説明しませんが，だいたい $Z_{k+1,n+1}$ を左からの $\mathrm{GL}(k+1,\mathbf{C})$ の作用で割ったものと思って下さい[*1]．

これらの方程式は積分 (3.30) から導かれたのでしたから，逆の言い方をすれば (3.30) は微分方程式系 (3.34), (3.35), (3.36) の解の積分表示になっているのです．解空間の次元が $\binom{n-1}{k}$ ということですが，(3.30) はもともと (3.24) の積分を射影化したもので，本質的には (3.24) と同等のものですから，それに対する微分方程式の解空間の次元が命題 3.3.2 で扱った homology 群や cohomology 群の次元と等しくなるのも，自然なことです．

では射影化した意義はどこにあるのでしょうか．得られた微分方程式系 (3.34), (3.35), (3.36) を見てみると，はじめの二つは (3.31) にあるような群の作用への共変性に対応していました．残りの (3.36) は上で見たように Φ の形に由来していたのですが，その議論は Φ だけでなくもっと広い範囲の関数に対しても成り立ちます．きちんと言うと，$\psi(y)=\psi(y_0,y_1,\dots,y_n)$ を任意の $n+1$ 変数関数とし，各変数 y_j に 1 次式 $\ell_j(\tau)$ を代入した

$$\Psi = \psi(\ell_0(\tau),\ell_1(\tau),\dots,\ell_n(\tau))$$

を考えるとき，やはり

$$\frac{\partial^2 \Psi}{\partial z_{ip}\partial z_{jq}} = \frac{\partial^2 \Psi}{\partial z_{iq}\partial z_{jp}}$$

が成り立ちます．したがって積分

$$G(z) = \int_\Delta \Psi \omega$$

を考え，cycle Δ に適当な意味をつけることができれば，$G(z)$ に対しても (3.36) と同じ微分方程式

$$\frac{\partial^2 G}{\partial z_{ip}\partial z_{jq}} = \frac{\partial^2 G}{\partial z_{iq}\partial z_{jp}} \qquad (0\le i,j\le k;\ 0\le p,q\le n)$$

が成り立ちます．このようにある関数 ψ に 1 次式を代入して積分することを，ψ の **Radon** 変換と呼びます．したがって射影化により，積分表示 (3.30) を,

---

[*1] Grassmann 多様体 $\mathrm{Gr}_{k+1,n+1}$ は，$\mathbf{C}^{n+1}$ 内の $k+1$ 次元線形部分空間のなす集合.

群の作用への共変性と Radon 変換になっているという特徴とに分解することができたのです．この分解は，積分表示をもつ超幾何関数を考察するとき非常に重要な役割を果たします．一つには，超幾何関数の示すいろいろな性質のいくつかを，群の作用，あるいは Radon 変換であることに由来するとしてとらえることができ，その観点から今まで知られていなかった新しい性質を導き出すことも可能になります．もう一つに，群の作用はこの形でなければならないのか，積分は Radon 変換でなければならないのか，という考察を経ることにより，別の形の群の作用，あるいは Radon 変換以外の積分を扱うことで，さらに新しい超幾何関数を構成することが，やはり可能になります．

次節では，群を取り替えることにより合流型超幾何関数をこのやり方で自然にとらえることができる，という話を紹介します．2.3 節で紹介した複雑な合流操作も，その定式化に従うと非常にきれいに理解できるようになります．

話がずいぶん広がってしまいましたので，ここでおさらいの意味も込めて Gauss の超幾何関数を Grassmann 多様体上の超幾何関数と見る方法を説明しましょう．Grassmann 多様体としては $\mathrm{Gr}_{2,4}$，したがって $Z_{2,4}$ を考えます．$z \in Z_{2,4}$ は 2×4 行列ですから，$F(z)$ は 8 変数関数となります．しかし共変性 (3.32), (3.33) により，ある z での $F(z)$ の値が分かれば，$g \in \mathrm{GL}(2, \mathbf{C})$ および $h \in (\mathbf{C}^\times)^4$ に対する $F(gzh)$ の値が分かりますので，そう思うと実質的な変数は 1 個であることになります．

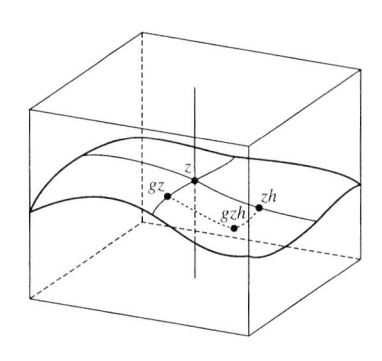

図 3.8

それを具体的に実現しましょう. $z = \begin{pmatrix} z_{00} & z_{01} & z_{02} & z_{03} \\ z_{10} & z_{11} & z_{12} & z_{13} \end{pmatrix} \in Z_{2,4}$ を, 左からの $\mathrm{GL}(2, \mathbf{C})$ の作用と右からの $(\mathbf{C}^\times)^4$ の作用をうまく利用することで, 標準形にもっていくのです.

$$\begin{pmatrix} z_{00} & z_{01} & z_{02} & z_{03} \\ z_{10} & z_{11} & z_{12} & z_{13} \end{pmatrix}$$

$$= \begin{pmatrix} z_{00} & z_{01} \\ z_{10} & z_{11} \end{pmatrix} \begin{pmatrix} 1 & 0 & w_{02} & w_{03} \\ 0 & 1 & w_{12} & w_{13} \end{pmatrix}$$

$$= \begin{pmatrix} z_{00} & z_{01} \\ z_{10} & z_{11} \end{pmatrix} \begin{pmatrix} 1 & 0 & 1 & 1 \\ 0 & 1 & \frac{w_{12}}{w_{02}} & \frac{w_{13}}{w_{03}} \end{pmatrix} \begin{pmatrix} 1 & & & \\ & 1 & & \\ & & w_{02} & \\ & & & w_{03} \end{pmatrix}$$

$$= \begin{pmatrix} z_{00} & z_{01} \\ z_{10} & z_{11} \end{pmatrix} \begin{pmatrix} 1 & \\ & \frac{w_{12}}{w_{02}} \end{pmatrix} \begin{pmatrix} 1 & 0 & 1 & 1 \\ 0 & 1 & 1 & x \end{pmatrix} \begin{pmatrix} 1 & & & \\ & \frac{w_{02}}{w_{12}} & & \\ & & w_{02} & \\ & & & w_{03} \end{pmatrix}$$

ここで

$$\begin{pmatrix} w_{02} & w_{03} \\ w_{12} & w_{13} \end{pmatrix} = \begin{pmatrix} z_{00} & z_{01} \\ z_{10} & z_{11} \end{pmatrix}^{-1} \begin{pmatrix} z_{02} & z_{03} \\ z_{12} & z_{13} \end{pmatrix} = \frac{1}{[01]} \begin{pmatrix} [21] & [31] \\ [02] & [03] \end{pmatrix}$$

および

$$x = \frac{w_{02} w_{13}}{w_{12} w_{03}} = \frac{[21][03]}{[02][31]}$$

で, ただし

$$[ij] = \det \begin{pmatrix} z_{0i} & z_{0j} \\ z_{1i} & z_{1j} \end{pmatrix}$$

とおきました. この計算によると, $F(z)$ の z での値は, $\begin{pmatrix} 1 & 0 & 1 & 1 \\ 0 & 1 & 1 & x \end{pmatrix}$ での値が分かれば群の作用 (3.32), (3.33) を用いて分かることになるので, 結局

$$F\left(\begin{pmatrix} 1 & 0 & 1 & 1 \\ 0 & 1 & 1 & x \end{pmatrix} \right) = f(x)$$

というxのみ1変数の関数の値が分かれば良いことになります．ところで$F(z)$の積分表示 (3.30) によれば，

$$F\left(\begin{pmatrix} 1 & 0 & 1 & 1 \\ 0 & 1 & 1 & x \end{pmatrix}\right) = \int_\Delta \tau_0{}^{\alpha_0} \tau_1{}^{\alpha_1} (\tau_0+\tau_1)^{\alpha_2} (\tau_0+x\tau_1)^{\alpha_3} (\tau_0 d\tau_1 - \tau_1 d\tau_0) \tag{3.37}$$

ということになり，ここで積分変数 t を $t = -\tau_1/\tau_0$ により導入すれば，(3.29) に注意することで (3.37) は

$$\int_\Delta t^{\alpha_1}(1-t)^{\alpha_2}(1-xt)^{\alpha_3} dt$$

の定数倍となることが分かります．これは Gauss の超幾何関数の積分表示 (3.1) に他なりません．

4° 今までは Φ としてすべて 1 次式のベキ積を考えてきました．ところで 2.1 節で一般化超幾何級数 $_3F_2$ の積分表示を求めるときに，最終的には解消されましたがいったん 2 次式が積分に現れました．このように古典的な例を扱っている場合でも，1 次式に限る必然性はありません．したがって一般に多項式のベキ積で与えられる Φ を考え，対応する homology・cohomology を研究するのが自然な流れでしょう．これに関してはいろいろと興味深い研究がなされてきていますが，本書では立ち入りません．ただしこのような積分は，第 4 章，第 5 章の議論の中からも現れてきます．

3.4 合流型超幾何関数

この節では，Grassmann 多様体上の超幾何関数を規定している $Z_{k+1,n+1}$ への群の作用 (3.31) のうち，右からの $(\mathbf{C}^\times)^{n+1}$ の作用に注目します．この作用の帰結が命題 3.3.3 にある関係式 (3.33) でした．その時は証明を端折りましたが，ここであらためて考えてみましょう．

z を zh でおきかえると，各 j に対して z の第 j 列が h_j 倍されますから，$F(zh)$ の積分に現れる 1 次式は

$$\tau z h = (\ell_0(\tau)h_0, \ell_1(\tau)h_1, \ldots, \ell_n(\tau)h_n)$$

となり，これを Φ に代入して

$$\prod_{j=0}^{n}(\ell_j(\tau)h_j)^{\alpha_j} = \prod_{j=0}^{n}\ell_j(\tau)^{\alpha_j}\prod_{j=0}^{n}h_j^{\alpha_j} \tag{3.38}$$

となることから，積分に関係のない因子 $\prod_{j=0}^{n} h_j^{\alpha_j}$ がくくり出されるのでした．この証明をよく見ると，なぜ Φ としてベキ積を考えたのかが見えてきます．

Φ は 1 次式のベキ積でしたが，Radon 変換の立場からはベキ関数の積

$$\psi(y_0, y_1, \ldots, y_n) = \prod_{j=0}^{n} y_j^{\alpha_j} \tag{3.39}$$

がはじめにあり，その Radon 変換を考える過程で Φ が現れてきたのですから，被積分関数を決定しているのは (3.39) の ψ です．では ψ とはいったい何でしょうか．ψ の変数 $y = (y_0, y_1, \ldots, y_n)$ を，$h \in (\mathbf{C}^{\times})^{n+1}$ と同様に対角行列

$$y = \begin{pmatrix} y_0 & & & \\ & y_1 & & \\ & & \ddots & \\ & & & y_n \end{pmatrix}$$

として扱うと，ψ には次の著しい性質があります．

$$\psi(yh) = \psi(y)\psi(h) \tag{3.40}$$

ここで左辺に現れる yh は，二つの対角行列 y, h の行列としての積を表します．そしてこの性質が (3.38) を成立させ，したがって $F(z)$ の $(\mathbf{C}^{\times})^{n+1}$ の作用に対する共変性を導いているのです．性質 (3.40) は，ψ によって群 $(\mathbf{C}^{\times})^{n+1}$ の元の積が ψ の値の積に写るというものですから，ψ が群 $(\mathbf{C}^{\times})^{n+1}$ から群 $\mathbf{C}^{\times}$ への準同型になっていることを意味します．一般に群 G から群 $\mathbf{C}^{\times}$ への準同型のことを**指標**と呼びますから，ψ は群 $(\mathbf{C}^{\times})^{n+1}$ の指標であるということになります[*1]．つまり，まずはじめに群 $(\mathbf{C}^{\times})^{n+1}$ があり，その指標の Radon 変換を

[*1] ψ は多価関数なので，正確に言うと $(\mathbf{C}^{\times})^{n+1}$ の普遍被覆群の指標である．

3.4 合流型超幾何関数

考えることで超幾何関数が得られた,というように考えることができるのです.

この構図は,なぜ超幾何関数ではベキ積の積分を考えるのかという理由を明らかにするだけでなく,さらに新しい超幾何関数を見つけ出すのに有効に働きます.はじめにあるのはベキ積ではなく群なのですから,違った群をもってきて,その群の指標の Radon 変換を考えれば,新しいタイプの超幾何関数が手に入ると期待できるのです.

ではどんな群をもってくるとよいのでしょうか.群 $(\mathbf{C}^\times)^{n+1}$ に対しては立派な超幾何関数が対応したのですから,まずこの群が何者か,という考察を行うのが建設的と思われます.これまでの議論では,群 $(\mathbf{C}^\times)^{n+1}$ を $\mathrm{GL}(n+1, \mathbf{C})$ の対角行列のなす群 D_{n+1} と見なしていました.D_{n+1} は,固有値がすべて異なる対角行列の中心化群ととらえるのが自然です.すなわち,

$$A = \begin{pmatrix} a_0 & & & \\ & a_2 & & \\ & & \ddots & \\ & & & a_n \end{pmatrix}, \quad a_i \neq a_j \quad (i \neq j) \qquad (3.41)$$

という行列 A に対し,

$$hA = Ah$$

となる $h \in \mathrm{GL}(n+1, \mathbf{C})$ の全体がなす群が D_{n+1} となります.

問 6 このことを確かめよ.

さらに (3.41) のような行列 A とは何かというと,Jordan 標準形の一種と見るのがやはり自然な見方でしょう.そこで我々は,いろいろなタイプの Jordan 標準形を考え,それの中心化群を採用することにします.

行列の Jordan 標準形を記述するため,記号を用意しましょう.n 次正方行列 Λ_n を

$$\Lambda_n = \begin{pmatrix} 0 & 1 & & & \\ & 0 & 1 & & \\ & & \ddots & \ddots & \\ & & & \ddots & 1 \\ & & & & 0 \end{pmatrix}$$

で定義し,複素数 a に対して Jordan 細胞 $J(a,n)$ を

$$J(a,n) = aI_n + \Lambda_n = \begin{pmatrix} a & 1 & & & \\ & a & 1 & & \\ & & \ddots & \ddots & \\ & & & \ddots & 1 \\ & & & & a \end{pmatrix}$$

で定めます.すると $n+1$ 次正方行列の Jordan 標準形は,一般に $n_1+n_2+\cdots+n_p = n+1$ をみたす自然数の組 $(n_1, n_2, \ldots, n_p)$ と p 個の複素数 $a_1, a_2, \ldots, a_p$ により

$$\begin{aligned}&J(a_1,n_1) \oplus J(a_2,n_2) \oplus \cdots \oplus J(a_p,n_p) \\ &= \begin{pmatrix} J(a_1,n_1) & & & \\ & J(a_2,n_2) & & \\ & & \ddots & \\ & & & J(a_p,n_p) \end{pmatrix}\end{aligned} \quad (3.42)$$

と表されます.

命題 3.4.1 $a_i \neq a_j$ $(i \neq j)$ とするとき, (3.42) の行列の中心化群は

$$J_{n_1} \times J_{n_2} \times \cdots \times J_{n_p} \quad (3.43)$$

となる.ここで J_m は

$$\begin{aligned} J_m = \{&h_0 I_m + h_1 \Lambda_m + h_2 \Lambda_m{}^2 + \cdots + h_{m-1} \Lambda_m{}^{m-1}; \\ &h_0 \in \mathbf{C}^\times, \ h_1, h_2, \ldots, h_{m-1} \in \mathbf{C}\} \end{aligned}$$

で定義される $\mathrm{GL}(m, \mathbf{C})$ の可換部分群で, m 次 Jordan 群と呼ばれる.

J_m の元を具体的に書いてみると,

$$\begin{pmatrix} h_0 & h_1 & h_2 & \cdots & \cdots & h_{m-1} \\ & h_0 & h_1 & \ddots & & \vdots \\ & & \ddots & \ddots & \ddots & \vdots \\ & & & \ddots & \ddots & h_2 \\ & & & & \ddots & h_1 \\ & & & & & h_0 \end{pmatrix}$$

となります.

問 7 (i) $hJ(a, n+1) = J(a, n+1)h$ となる $h \in \mathrm{GL}(n+1, \mathbf{C})$ の全体のなす集合は, J_{n+1} になることを示せ.

(ii) 命題 3.4.1 を証明せよ.

(iii) J_m が可換群となることを示せ.

(3.43) で与えられた群を $J(n_1, n_2, \ldots, n_p)$ で表すことにしましょう. これが我々が採用する群となります. よって我々は, $Z_{k+1,n+1}$ に左から $\mathrm{GL}(k+1, \mathbf{C})$ が, 右から $J(n_1, n_2, \ldots, n_p)$ が作用しているという状況を考えることになります.

$$\begin{array}{c} \mathrm{GL}(k+1, \mathbf{C}) \times Z_{k+1,n+1} \times J(n_1, n_2, \ldots, n_p) \to Z_{k+1,n+1} \\ (g, z, h) \mapsto gzh \end{array} \quad (3.44)$$

この群 $J(n_1, n_2, \ldots, n_p)$ から始めて対応する超幾何関数を手に入れるには, 次にこの群の指標を求める必要があります. その指標を求めるには, $J(n_1, n_2, \ldots, n_p)$ が (3.43) のとおり群の直積になっているので, 各 J_{n_j} の指標を求め, それらの積を取ればよいことになります. Jordan 群 J_m の指標は, 次のとおりです.

命題 3.4.2 $x_1, x_2, x_3, \ldots$ という無限個の変数を用意し, 別の変数 T についての母関数の形で多項式の列 $\theta_1(x_1), \theta_2(x_1, x_2), \theta_3(x_1, x_2, x_3), \ldots$ を

$$\log(1 + x_1 T + x_2 T^2 + x_3 T^3 + \cdots) = \sum_{j=1}^{\infty} \theta_j(x_1, x_2, \ldots, x_j) T^j$$

により定義する．このとき Jordan 群 J_m の指標 ψ は，

$$\begin{aligned}
\psi&(h_0 I_m + h_1 \Lambda_m + h_2 {\Lambda_m}^2 + \cdots + h_{m-1}{\Lambda_m}^{m-1}) \\
&= {h_0}^{\alpha_0} \exp\left[\alpha_1 \theta_1\left(\frac{h_1}{h_0}\right) + \alpha_2 \theta_2\left(\frac{h_1}{h_0}, \frac{h_2}{h_0}\right) + \right. \\
&\qquad \left. \cdots + \alpha_{m-1}\theta_{m-1}\left(\frac{h_1}{h_0}, \frac{h_2}{h_0}, \ldots, \frac{h_{m-1}}{h_0}\right)\right]
\end{aligned} \tag{3.45}$$

により与えられる．ここで $\alpha_0, \alpha_1, \ldots, \alpha_{m-1} \in \mathbf{C}$ である．

多項式 $\theta_j(x_1, \ldots, x_j)$ をいくつか具体的に書いてみると，

$$\theta_1(x_1) = x_1,\ \theta_2(x_1, x_2) = x_2 - \frac{{x_1}^2}{2},\ \theta_3(x_1, x_2, x_3) = x_3 - x_1 x_2 + \frac{{x_1}^3}{3}$$

などとなります．命題 3.4.2 の証明は，次の補題の主張を組み合わせることで得られます．

補題 3.4.1 (i) $\mathbf{C}^\times$ の指標 χ は，ある $\alpha \in \mathbf{C}$ により $\chi(x) = x^\alpha$ $(x \in \mathbf{C}^\times)$ で与えられる．

(ii) $\mathbf{C}$ の指標 χ は，ある $\alpha \in \mathbf{C}$ により $\chi(x) = \exp(\alpha x)$ $(x \in \mathbf{C})$ で与えられる．

(iii) 群 J_m は，次の写像 ι により群 $\mathbf{C}^\times \times \mathbf{C}^{m-1}$ と同型になる．

$$\begin{array}{ccc}
J_m & \xrightarrow{\iota} & \mathbf{C}^\times \times \mathbf{C}^{m-1} \\
\begin{pmatrix} h_0 & h_1 & \cdots & h_{m-1} \\ & h_0 & \ddots & \vdots \\ & & \ddots & h_1 \\ & & & h_0 \end{pmatrix} & \longmapsto & \left(h_0, \left(\theta_1\left(\frac{h_1}{h_0}\right), \theta_2\left(\frac{h_1}{h_0}, \frac{h_2}{h_0}\right), \ldots \right.\right. \\
& & \left.\left. \theta_{m-1}\left(\frac{h_1}{h_0}, \frac{h_2}{h_0}, \ldots, \frac{h_{m-1}}{h_0}\right)\right)\right)
\end{array}$$

問 8 この補題を示せ．

(3.45) の ψ を $\chi_{m,\alpha}$ と表すことにしましょう．ただし $\alpha = (\alpha_0, \alpha_1, \ldots, \alpha_{m-1})$

$\in \mathbf{C}^m$ とおきました. これで群 $J(n_1, n_2, \ldots, n_p)$ の指標を記述することができます. 各 j に対して,J_{n_j} の指標を与えるパラメター

$$\alpha^{(j)} = (\alpha_0^{(j)}, \alpha_1^{(j)}, \ldots, \alpha_{n_j-1}^{(j)}) \in \mathbf{C}^{n_j}$$

を用意し,これらをまとめて

$$\alpha = (\alpha^{(1)}, \alpha^{(2)}, \ldots, \alpha^{(p)}) \in \mathbf{C}^{n+1}$$

とおきます. このとき α をパラメターとする $J(n_1, n_2, \ldots, n_p)$ の指標 $\chi_{(n_1, n_2, \ldots, n_p), \alpha}$ は,

$$\chi_{(n_1, n_2, \ldots, n_p), \alpha} = \prod_{j=1}^{p} \chi_{n_j, \alpha^{(j)}} \tag{3.46}$$

で与えられるのです.

指標が与えられたので,対応する超幾何関数は Radon 変換をとればよいので,

$$F(z) = \int_\Delta \chi_{(n_1, n_2, \ldots, n_p), \alpha}(\ell_0(\tau), \ell_1(\tau), \ldots, \ell_n(\tau))\omega \tag{3.47}$$

で与えられることになります. これを,後に述べる理由により,**一般化合流型超幾何関数**と呼びます.

一般化合流型超幾何関数のみたす微分方程式系はどうなるでしょうか. 被積分関数は変わりましたが,依然として Radon 変換なので,(3.36) は成り立ちます. また $Z_{k+1, n+1}$ への $\mathrm{GL}(k+1, \mathbf{C})$ の左からの作用に関する共変性 (3.32) も,命題 3.3.3 の証明にあるように積分変数の変換に吸収されるのでしたから,やはり成立します. したがってその無限小版の微分方程式 (3.34) も成立します. 変わるのは群 $(\mathbf{C}^\times)^{n+1}$ の右からの作用に関する共変性 (3.33),したがってまたその無限小版の微分方程式 (3.35) です. 一般化合流型超幾何関数 (3.47) については,群 $J(n_1, n_2, \ldots, n_p)$ の作用を考えるのでしたから,それに関する共変性としては

$$F(zh) = F(z)\chi_{(n_1, n_2, \ldots, n_p), \alpha}(h), \quad h \in J(n_1, n_2, \ldots, n_p) \tag{3.48}$$

ということになります. これの無限小版は,命題 3.3.4 と同様に見つけること

ができ，

$$\sum_{i=0}^{k} \sum_{j=n_1+\cdots+n_{\ell-1}+m+1}^{n_1+\cdots+n_\ell} z_{i,\,j-m} \frac{\partial F}{\partial z_{ij}} = \alpha_m^{(\ell)} F \quad (1 \leq \ell \leq p,\ 0 \leq m \leq n_\ell - 1) \tag{3.49}$$

となります．

問 9 (3.48) より (3.49) を導け．

以上により，一般化合流型超幾何関数のみたす微分方程式系は，(3.34), (3.49), (3.36) ということになります．

一般化合流型超幾何関数とは具体的にはどんなものなのでしょうか．$(k+1, n+1) = (2, 4)$ の場合に書き出してみましょう．そのためには 4 次正方行列の Jordan 標準形の型が何通りあるか，言い換えると 4 の分割，すなわち足して 4 になる自然数の組が何通りあるかを見ればよいのです．それらは

$$(1,1,1,1), (2,1,1), (2,2), (3,1), (4)$$

の 5 通りです．このうち $(1,1,1,1)$ は群 $(\mathbf{C}^\times)^4$ に対応し，これは 3.3 節で扱った場合で Gauss の超幾何関数に帰着するものでした．$(2,1,1)$ の場合を考えます．すると群としては $J_2 \times (\mathbf{C}^\times)^2$，その指標としては

$$\psi\left(\begin{pmatrix} h_0 & h_1 & & \\ & h_0 & & \\ & & h_2 & \\ & & & h_3 \end{pmatrix}\right) = h_0{}^{\alpha_0} \exp\left(\alpha_1 \theta_1 \left(\frac{h_1}{h_0}\right)\right) h_2{}^{\alpha_2} h_3{}^{\alpha_3}$$

をとることになります．$(1,1,1,1)$ の場合を Gauss の超幾何関数に帰着したときと同様に，$Z_{2,4}$ への左右からの群の作用で $z \in Z_{2,4}$ を標準形にもっていきましょう．

3.4 合流型超幾何関数

$$\begin{pmatrix} z_{00} & z_{01} & z_{02} & z_{03} \\ z_{10} & z_{11} & z_{12} & z_{13} \end{pmatrix} = \begin{pmatrix} z_{00} & z_{02} \\ z_{10} & z_{12} \end{pmatrix} \begin{pmatrix} 1 & & \\ & & \frac{[03]}{[23]} \end{pmatrix} \begin{pmatrix} 1 & 0 & 0 & 1 \\ 0 & x & 1 & -1 \end{pmatrix}$$

$$\times \begin{pmatrix} 1 & \frac{[12]}{[02]} & & \\ & 1 & & \\ & & \frac{[23]}{[03]} & \\ & & & \frac{[32]}{[02]} \end{pmatrix} \qquad (3.50)$$

となることが分かります.ただしここで

$$x = \frac{[01][23]}{[02][03]}$$

とおきました.よって積分変数を $t = \tau_1/\tau_0$ にとると,共変性 (3.32), (3.48) により $F(z)$ は

$$F\left(\begin{pmatrix} 1 & 0 & 0 & 1 \\ 0 & x & 1 & -1 \end{pmatrix}\right) = \int_\Delta e^{\alpha_1 xt} t^{\alpha_2}(1-t)^{\alpha_3} dt$$

に帰着し,これは Kummer の合流型超幾何関数の積分表示 (2.5) に他なりません.

次は $(2,2)$ の場合を考えます.すなわち群は $J(2,2) = J_2 \times J_2$ で,その指標は

$$\psi\left(\begin{pmatrix} h_0 & h_1 & & \\ & h_0 & & \\ & & h_2 & h_3 \\ & & & h_2 \end{pmatrix}\right) = h_0{}^{\alpha_0} \exp\left(\alpha_1 \theta_1\left(\frac{h_1}{h_0}\right)\right) h_2{}^{\alpha_2} \exp\left(\alpha_3 \theta_1\left(\frac{h_3}{h_2}\right)\right)$$

です.この場合は $z \in Z_{2,4}$ の標準形として

$$z = g \begin{pmatrix} 1 & 0 & 0 & x \\ 0 & x & 1 & 0 \end{pmatrix} h, \quad g \in \mathrm{GL}(2, \mathbf{C}),\ h \in J(2,2) \qquad (3.51)$$

がとれます.ここで

$$x = \frac{\sqrt{[01][32]}}{[02]}$$

とおきました．したがってこの場合，$F(z)$ は積分

$$F\left(\begin{pmatrix} 1 & 0 & 0 & x \\ 0 & x & 1 & 0 \end{pmatrix}\right) = \int_\Delta e^{x(\alpha_1 t + \frac{\alpha_2}{t})} t^{-\alpha_3} dt \qquad (3.52)$$

に帰着します．ところで 2.3 節の (2.29) で取り上げた Bessel 関数 $J_\nu(x)$ は，(3.52) と同じ

$$J_\nu(x) = \frac{1}{2\pi i} \int_\Delta e^{\frac{x}{2}(t - \frac{1}{t})} t^{-\nu-1} dt \qquad (3.53)$$

という積分表示を持つことが知られています．したがって $(2,2)$ の場合の $F(z)$ は，Bessel 関数に帰着することが分かりました．

次に $(3,1)$ の場合を考えましょ．群は $J(3,1) = J_3 \times \mathbf{C}^\times$ で，その指標は

$$\psi\left(\begin{pmatrix} h_0 & h_1 & h_2 & \\ & h_0 & h_1 & \\ & & h_0 & \\ & & & h_3 \end{pmatrix}\right) = h_0^{\alpha_0} \exp\left(\alpha_1 \theta_1\left(\frac{h_1}{h_0}\right) + \alpha_2 \theta_2\left(\frac{h_1}{h_0}, \frac{h_2}{h_0}\right)\right) h_3^{\alpha_3}$$

となります．この場合の $z \in Z_{2,4}$ の標準形は

$$z = g \begin{pmatrix} 1 & 0 & 0 & 0 \\ 0 & 1 & x & 1 \end{pmatrix} h, \quad g \in \mathrm{GL}(2, \mathbf{C}), \ h \in J(3,1) \qquad (3.54)$$

のようにとれ，ここで x は

$$x = \frac{[02][03] - [13][01]}{[01][03]}$$

で与えられます．したがって $F(z)$ は積分

$$F\left(\begin{pmatrix} 1 & 0 & 0 & 0 \\ 0 & 1 & x & 1 \end{pmatrix}\right) = \int_\Delta e^{\alpha_1 t + \alpha_2 (xt - \frac{1}{2}t^2)} t^{\alpha_3} dt \qquad (3.55)$$

に帰着し，これは本質的に Hermite-Weber 関数 (2.33) です．

最後に (4) の場合を考えます．群が $J(4) = J_4$ で，その指標が

$$\psi\left(\begin{pmatrix} h_0 & h_1 & h_2 & h_3 \\ & h_0 & h_1 & h_2 \\ & & h_0 & h_1 \\ & & & h_0 \end{pmatrix}\right)$$

$$= h_0{}^{\alpha_0} \exp\Big(\alpha_1\theta_1\Big(\frac{h_1}{h_0}\Big) + \alpha_2\theta_2\Big(\frac{h_1}{h_0},\frac{h_2}{h_0}\Big) + \alpha_3\theta_3\Big(\frac{h_1}{h_0},\frac{h_2}{h_0},\frac{h_3}{h_0}\Big)\Big)$$

となります. $z \in Z_{2,4}$ の標準形は,

$$z = g\begin{pmatrix} 1 & 0 & 0 & 0 \\ 0 & 1 & 0 & x \end{pmatrix} h, \quad g \in \mathrm{GL}(2,\mathbf{C}),\ h \in J(4) \qquad (3.56)$$

のようにとれ, ここで x は

$$x = \frac{[01][03] - [01][21] - [02]^2}{[01]^2}$$

となります. したがってこの場合の $F(z)$ は, 積分

$$F\left(\begin{pmatrix} 1 & 0 & 0 & 0 \\ 0 & 1 & 0 & x \end{pmatrix}\right) = \int_\Delta e^{\alpha_1 t - \frac{1}{2}\alpha_2 t^2 + \alpha_3(\frac{1}{3}t^3 + xt)} dt \qquad (3.57)$$

に帰着します. パラメター $(\alpha_1, \alpha_2, \alpha_3)$ を適当にとれば, 積分 (3.57) は Airy 関数 (2.30) に他なりません.

問 10 (3.50), (3.51), (3.54), (3.56) を示せ.

こうして, $(k+1, n+1) = (2, 4)$ の場合の一般化合流型超幾何関数を具体的に見ると, すべて古典的に知られていた合流型超幾何関数族のメンバーになることが分かりました. これが一般化合流型超幾何関数の名前の由来です. 古典的な合流型超幾何関数たちの積分表示には, ベキ関数だけではなく指数関数が現れていましたが, その指数関数もベキ関数も群の指標ととらえることができる, というのが今回獲得した認識です. そしてまた, 一般の $(k+1, n+1)$ の場合を考えるというのは, これらの古典的な合流型超幾何関数の拡張を考えるということになるわけです.

一般化合流型超幾何関数の定義は, 単なる定式化にとどまらず, 個々の関数の性質の解明にも非常に役立ちます. その一例として, 合流の統一的取り扱いを挙げましょう. 2.3 節では, 古典的に知られた合流を紹介しました. すなわち種々の極限操作により,

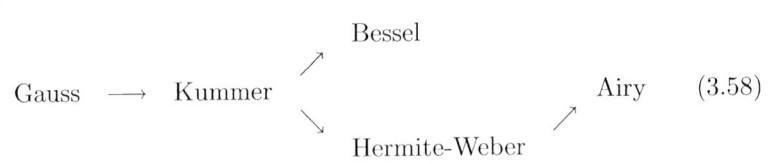

$$\text{Gauss} \longrightarrow \text{Kummer} \begin{matrix} \nearrow \text{Bessel} \searrow \\ \searrow \text{Hermite-Weber} \nearrow \end{matrix} \text{Airy} \quad (3.58)$$

というルートで合流度の高い関数を次々と手に入れることができるのでした[*1]. しかしその極限操作の意味については，ある場合には特異点の合流と見なすことも可能でしたが，全体としては「そうやるとうまくいく」というものでしかありませんでした．今回の定式化は，この合流に統一的な意味を与え，単純で汎用性の高い手続きとして実現することを可能にします.

一般化合流型超幾何関数は，群 $J(n_1, n_2, \ldots, n_p)$ により識別されます．そこでこの群に対する合流をうまく定義することができれば，対応する合流型超幾何関数に対する合流が自然に導かれるのではないか，と考えられます．実は群に対する合流は，次のようにして実現されます．合流は，群 $J(n_1, \ldots, n_j, n_{j+1}, n_{j+2} \ldots, n_p)$ から群 $J(n_1, \ldots, n_j+n_{j+1}, n_{j+2}, \ldots, n_p)$ への極限操作として実現されます．一般性を失うことなく

$$J(n_1, n_2, n_3, \ldots, n_p) \to J(n_1+n_2, n_3, \ldots, n_p) \quad (3.59)$$

という場合に限ることができます．さらに以下の記述を見ていただくと，

$$J(n_1, n_2) \to J(n_1+n_2) \quad (3.60)$$

という合流さえ定義すれば，後ろの $(n_3, \ldots, n_p)$ に関しては変化なしということで (3.59) の場合に延ばせることが分かります．そこで，(3.60) の場合に具体的な操作を記述しましょう．

ε をパラメターとし，$(n_1+n_2) \times (n_1+n_2)$ 行列 $g(\varepsilon)$ を次のように定義します．

$$g(\varepsilon) = \begin{pmatrix} I_{n_1} & g_{12}(\varepsilon) \\ & g_{22}(\varepsilon) \end{pmatrix}$$

ここで

[*1] 2.3 節では Bessel → Airy という合流は紹介しなかった．以下の統一的な扱いでは，この合流も考えられる.

$$\begin{pmatrix} g_{12}(\varepsilon) \\ g_{22}(\varepsilon) \end{pmatrix} = \begin{pmatrix} 1 & & & & \\ & \varepsilon & & & \\ & & \varepsilon^2 & & \\ & & & \ddots & \\ & & & & \varepsilon^{n_1+n_2-1} \end{pmatrix}$$

$$\times \begin{pmatrix} 1 & & & & & \\ 1 & \binom{1}{1} & & & & \\ 1 & \binom{2}{1} & \binom{2}{2} & & & \\ 1 & \binom{3}{1} & \binom{3}{2} & \ddots & & \\ \vdots & \vdots & \vdots & & \binom{n_2-1}{n_2-1} & \\ \vdots & \vdots & \vdots & & \vdots & \\ 1 & \binom{n_1+n_2-1}{1} & \binom{n_1+n_2-1}{2} & \cdots & \binom{n_1+n_2-1}{n_2-1} & \end{pmatrix}$$

$$\times \begin{pmatrix} 1 & & & \\ & \varepsilon & & \\ & & \ddots & \\ & & & \varepsilon^{n_2-1} \end{pmatrix}^{-1}$$

と定めます.さて行き先の群 $J(n_1+n_2)$ の任意の元

$$h = \begin{pmatrix} h_0 & h_1 & \cdots & h_{n_1+n_2-1} \\ & h_0 & \ddots & \vdots \\ & & \ddots & \vdots \\ & & & h_0 \end{pmatrix}$$

を持ってきて,この h に対してベクトル $(h_0, h_1, \ldots, h_{n_1+n_2-1})$ を対応させます.上で定義した $g(\varepsilon)$ を用いて

$$(h_0, h_1, \ldots, h_{n_1+n_2-1})g(\varepsilon) = (h_0(\varepsilon), h_1(\varepsilon), \ldots, h_{n_1+n_2-1}(\varepsilon))$$

という新しいベクトルを構成し,これを出発点の群 $J(n_1, n_2)$ に

$$h(\varepsilon) = \begin{pmatrix} h_0(\varepsilon) & \cdots & h_{n_1-1}(\varepsilon) & & & \\ & \ddots & \vdots & & & \\ & & h_0(\varepsilon) & & & \\ & & & h_{n_1}(\varepsilon) & \cdots & h_{n_1+n_2-1}(\varepsilon) \\ & & & & \ddots & \vdots \\ & & & & & h_{n_1}(\varepsilon) \end{pmatrix}$$

という形で埋め込みます．このとき次の定理が成り立つのです．

定理 3.4.1

$$\lim_{\varepsilon \to 0} g(\varepsilon) h(\varepsilon) g(\varepsilon)^{-1} = h \tag{3.61}$$

問 11 これを示せ．

定理 3.4.1 の左辺の $g(\varepsilon)h(\varepsilon)g(\varepsilon)^{-1}$ は $J(n_1,n_2)$ の元ではありませんが，それと共役な群の元になっています．すなわち群の合流は，群を共役でひねりながら極限をとることで実現できるのです．

　一般化合流型超幾何関数を識別する群の間に合流が定義されましたので，これを対応する合流型超幾何関数の間の合流に翻訳してみます．上の記述に合わせて，(3.60) に対応する場合に述べましょう．構成法から，それぞれの群に対する指標の合流が分かればよいことになります．今までの記号をそのまま用います．

定理 3.4.2 $\alpha \in \mathbf{C}^{n_1+n_2}$ に対し

$$\alpha\,{}^t g(\varepsilon)^{-1} = \alpha(\varepsilon)$$

により $\alpha(\varepsilon) \in \mathbf{C}^{n_1+n_2}$ を定めるとき，

$$\lim_{\varepsilon \to 0} \chi_{(n_1,n_2),\alpha(\varepsilon)}(h(\varepsilon)) = \chi_{n_1+n_2,\alpha}(h) \tag{3.62}$$

が成り立つ．

問 12 これを示せ.

定理 3.4.2 に述べた指標の合流は,そのままそれらの Radon 変換の合流を導きます.こうして一般化合流型超幾何関数の間に合流が定義されるのです.そしてこの合流は,$(k+1, n+1) = (2, 4)$ の場合には,(3.58) にある古典的な合流に他ならないことが確かめられます.

問 13 これを確かめよ.

こうして,合流とは,特異点の合流ではなく,積分表示の分岐点の合流と見るべきであることが分かりました.

4

級 数 展 開

　級数展開もまた，新しい超幾何関数を見つけるのに非常に有効な手法でした．この章では，この手法で構成される超幾何関数の究極のクラスとも思える，Gel'fand-Kapranov-Zelevinsky 超幾何関数（GKZ 超幾何関数）を紹介します．GKZ 超幾何関数の世界は組合せ論が活躍する世界で，そのため組合わせ論・表現論を始め多くの分野の数学者が参入し，活発な活動を展開しています．GKZ 超幾何関数については積分表示も分かっており，他の超幾何関数との関係を見るのに役立つことになります．

4.1 アイデア

超幾何級数

$$F(\alpha,\beta,\gamma;x) = \sum_{n=0}^{\infty} \frac{(\alpha,n)(\beta,n)}{(\gamma,n)(1,n)} x^n \tag{4.1}$$

の係数は，(1.25) で注意したようにガンマ関数を用いて記述できます．すなわち $(\alpha,n) = \Gamma(\alpha+n)/\Gamma(\alpha)$ などにより，(4.1) は

$$F(\alpha,\beta,\gamma;x) = \frac{\Gamma(\gamma)}{\Gamma(\alpha)\Gamma(\beta)} \sum_{n=0}^{\infty} \frac{\Gamma(\alpha+n)\Gamma(\beta+n)}{\Gamma(\gamma+n)\Gamma(1+n)} x^n \tag{4.2}$$

と書けます．ここまでは単なる書き換えですが，ガンマ関数の性質のうち，$\Gamma(\alpha)$ が $\mathbf{Z}_{\leq 0}$ で 1 位の極を持つということから，

$$\frac{1}{\Gamma(1+n)} = 0 \quad (n < 0) \tag{4.3}$$

となるので，(4.2) で n の動く範囲を $n \in \mathbf{Z}_{\geq 0}$ から $n \in \mathbf{Z}$ に広げても実質的には何も変わらないことになります．こうしてガンマ関数を用いることにより，

4.1 アイデア

(4.1) の自明でない書き換え

$$F(\alpha,\beta,\gamma;x) = \frac{\Gamma(\gamma)}{\Gamma(\alpha)\Gamma(\beta)} \sum_{n \in \mathbf{Z}} \frac{\Gamma(\alpha+n)\Gamma(\beta+n)}{\Gamma(\gamma+n)\Gamma(1+n)} x^n \quad (4.4)$$

が得られました.

このようなガンマ関数で係数が記述される級数を統一的にとらえようというのが GKZ 超幾何関数の考え方なのですが,そのアイデアは,ガンマ関数の性質を用いて級数のみたす微分方程式を立てるところにあります.すでに 1.1 節で,超幾何級数 (4.1) のみたす微分方程式として超幾何微分方程式 (1.5) を導きましたが,それとは別な形の微分方程式を導いてみます.

まず級数の係数が,分母分子にそれぞれ何個のガンマ関数を含んでいるか,ということを微分方程式で表現します.超幾何級数 (4.4) の場合はそれぞれ 2 個ずつでした.それぞれのガンマ関数に,変数 v_1, v_2, v_3, v_4 を割り当てます.さて

$$A_n = \frac{\Gamma(\alpha+n)}{v_1{}^{\alpha+n}}(-1)^n$$

とおくと,ガンマ関数の基本的な性質 $\Gamma(\alpha+1) = \alpha\Gamma(\alpha)$ ((1.19)) により,

$$\frac{\partial}{\partial v_1} A_n = -\frac{(\alpha+n)\Gamma(\alpha+n)}{v_1{}^{\alpha+n+1}}(-1)^n = \frac{\Gamma(\alpha+n+1)}{v_1{}^{\alpha+n+1}}(-1)^{n+1} = A_{n+1}$$

が成り立ちます. 同様に

$$B_n = \frac{\Gamma(\beta+n)}{v_2{}^{\beta+n}}(-1)^n$$

とおけば,

$$\frac{\partial}{\partial v_2} B_n = B_{n+1}$$

となります.また分母に現れるガンマ関数に対しては,

$$C_n = \frac{v_3{}^{\gamma-1+n}}{\Gamma(\gamma+n)}$$

とおくと,

$$\frac{\partial}{\partial v_3} C_n = \frac{(\gamma-1+n)v_3{}^{\gamma-2+n}}{\Gamma(\gamma+n)} = \frac{v_3{}^{\gamma-1+(n-1)}}{\Gamma(\gamma+n-1)} = C_{n-1}$$

が成り立ちます．同様に

$$D_n = \frac{v_4{}^n}{\Gamma(1+n)}$$

とおくと，

$$\frac{\partial}{\partial v_4} D_n = D_{n-1}$$

が成り立ちます．これらを用いて，級数

$$\varphi = \sum_{n \in \mathbf{Z}} A_n B_n C_n D_n \tag{4.5}$$

を定義しましょう．A_n たちの定義より，

$$\varphi = \frac{v_3{}^{\gamma-1}}{v_1{}^\alpha v_2{}^\beta} \sum_{n \in \mathbf{Z}} \frac{\Gamma(\alpha+n)\Gamma(\beta+n)}{\Gamma(\gamma+n)\Gamma(1+n)} \left(\frac{v_3 v_4}{v_1 v_2}\right)^n$$

$$= \frac{\Gamma(\alpha)\Gamma(\beta)}{\Gamma(\gamma)} \frac{v_3{}^{\gamma-1}}{v_1{}^\alpha v_2{}^\beta} F(\alpha,\beta,\gamma;\frac{v_3 v_4}{v_1 v_2})$$

となることが直ちに分かりますから，φ は本質的に超幾何級数 (4.4) に他なりません．そして φ については，上で観察した A_n たちの振る舞いにより，

$$\left[\left(\frac{\partial}{\partial v_1}\right)\left(\frac{\partial}{\partial v_2}\right) - \left(\frac{\partial}{\partial v_3}\right)\left(\frac{\partial}{\partial v_4}\right)\right]\varphi$$
$$= \sum_{n \in \mathbf{Z}} A_{n+1} B_{n+1} C_n D_n - \sum_{n \in \mathbf{Z}} A_n B_n C_{n-1} D_{n-1} = 0$$

が成り立つのです．n の動く範囲を $\mathbf{Z}$ 全体にしてあるのが効いています．同じからくりにより，$b_1 = b_2 = -b_3 = -b_4$ とするとき，

$$\left[\left(\frac{\partial}{\partial v_1}\right)^{b_1}\left(\frac{\partial}{\partial v_2}\right)^{b_2} - \left(\frac{\partial}{\partial v_3}\right)^{-b_3}\left(\frac{\partial}{\partial v_4}\right)^{-b_4}\right]\varphi$$
$$= \sum_{n \in \mathbf{Z}} A_{n+b_1} B_{n+b_1} C_n D_n - \sum_{n \in \mathbf{Z}} A_n B_n C_{n-b_1} D_{n-b_1} = 0$$

という微分方程式も成り立ちます．つまり大げさに言うなら，$b = \begin{pmatrix} b_1 \\ b_2 \\ b_3 \\ b_4 \end{pmatrix}$ を

$$\begin{pmatrix} 1 & -1 & 0 & 0 \\ 1 & 0 & 1 & 0 \\ 1 & 0 & 0 & 1 \end{pmatrix} b = 0 \tag{4.6}$$

をみたす整数ベクトル (全成分が整数のベクトル) とすると,

$$\left[\prod_{j;b_j>0} \left(\frac{\partial}{\partial v_j} \right)^{b_j} - \prod_{j;b_j<0} \left(\frac{\partial}{\partial v_j} \right)^{-b_j} \right] \varphi = 0 \tag{4.7}$$

という微分方程式が成り立つのです. (4.6) をみたす整数ベクトル b は無数にありますから, (4.7) は無限個の連立偏微分方程式ということになります. この微分方程式が, 係数の分母分子に現れるガンマ関数の個数を表現しているのです.

微分方程式 (4.7) は, パラメター α, β, γ を含んでいませんので, 関数 φ を特定するには不十分です. それを補うため, 別のタイプの微分方程式を導きます. 一般に, ベキ関数 $f(x) = cx^a$ (c, a は定数) は, Euler 作用素と呼ばれる微分作用素 $x\dfrac{d}{dx}$ に対して

$$x \frac{d}{dx} f(x) = a f(x)$$

と振る舞います. したがって A_n たちの定義より,

$$v_1 \frac{\partial}{\partial v_1} A_n = -(\alpha + n) A_n$$

$$v_2 \frac{\partial}{\partial v_2} B_n = -(\beta + n) B_n$$

$$v_3 \frac{\partial}{\partial v_3} C_n = (\gamma - 1 + n) C_n$$

$$v_4 \frac{\partial}{\partial v_4} D_n = n D_n$$

が成り立つことが分かります. するとたとえば,

$$\begin{aligned} & \left(v_1 \frac{\partial}{\partial v_1} - v_2 \frac{\partial}{\partial v_2} \right) \varphi \\ &= \sum_{n \in \mathbf{Z}} (-(\alpha + n)) A_n B_n C_n D_n - \sum_{n \in \mathbf{Z}} (-(\beta + n)) A_n B_n C_n D_n \\ &= (\beta - \alpha) \sum_{n \in \mathbf{Z}} A_n B_n C_n D_n \\ &= (\beta - \alpha) \varphi \end{aligned} \tag{4.8}$$

というように，これらを φ に対する微分方程式の形に表現することができます．ほかに (4.8) と独立な方程式として，

$$\begin{cases} \left(v_1 \dfrac{\partial}{\partial v_1} + v_3 \dfrac{\partial}{\partial v_3} \right) \varphi = (\gamma - 1 - \alpha)\varphi \\ \left(v_1 \dfrac{\partial}{\partial v_1} + v_4 \dfrac{\partial}{\partial v_4} \right) \varphi = -\alpha\varphi \end{cases} \quad (4.9)$$

が得られます．ところで面白いことに，これらの微分方程式 (4.8), (4.9) も，微分方程式 (4.7) を記述するのに用いた (4.6) の左辺にある行列

$$A = \begin{pmatrix} 1 & -1 & 0 & 0 \\ 1 & 0 & 1 & 0 \\ 1 & 0 & 0 & 1 \end{pmatrix} \quad (4.10)$$

で記述されるのです．すなわち，A の (i,j)-成分を a_{ij} で表すと，(4.8), (4.9) の左辺に現れる微分作用素はいずれも

$$\sum_{j=1}^{4} a_{ij} v_j \frac{\partial}{\partial v_j}$$

と書けるのです．

微分方程式 (4.7), (4.8), (4.9) が，超幾何微分方程式が超幾何級数 $F(\alpha, \beta, \gamma; x)$ を規定するのと同じように，(4.5) の φ を規定するということについては，次節で一般の場合に言及します．それを認めるなら，(4.10) の行列 A とパラメターのベクトル

$$\begin{pmatrix} \beta - \alpha \\ \gamma - \alpha - 1 \\ -\alpha \end{pmatrix}$$

が，φ（本質的には超幾何級数）を規定している，ということができます．そして行列 A やパラメターのベクトルをいろいろ取り替えることにより，いろいろな新しい超幾何級数が手に入るようになる，と考えられます．それを実現するのが GKZ 超幾何関数なのです．

4.2 GKZ 超幾何関数

それでは Gel'fand-Kapranov-Zelevinsky 超幾何関数（GKZ 超幾何関数）を定義しましょう．n, d を $n \geq d$ なる自然数とし，$x = (x_1, \ldots, x_n)$ を変数とします．

定義

$$\begin{cases} A = \begin{pmatrix} a_{11} & a_{12} & \cdots & \cdots & a_{1n} \\ a_{21} & a_{22} & \cdots & \cdots & a_{2n} \\ \vdots & \vdots & & & \vdots \\ a_{d1} & a_{d2} & \cdots & \cdots & a_{dn} \end{pmatrix} \\ \quad = \begin{pmatrix} a_1 & a_2 & \cdots & \cdots & a_n \end{pmatrix} \in \mathrm{M}(d, n; \mathbf{Z}) \\ \beta = \begin{pmatrix} \beta_1 \\ \beta_2 \\ \vdots \\ \beta_d \end{pmatrix} \in \mathbf{C}^d \end{cases} \quad (4.11)$$

に対し，

$$\begin{cases} \left(\sum_{j=1}^{n} a_{ij} x_j \frac{\partial}{\partial x_j} - \beta_i \right) \varphi = 0 \quad (1 \leq i \leq d) \\ \left(\prod_{j; b_j > 0} \left(\frac{\partial}{\partial x_j} \right)^{b_j} - \prod_{j; b_j < 0} \left(\frac{\partial}{\partial x_j} \right)^{-b_j} \right) \varphi = 0, \quad b = \begin{pmatrix} b_1 \\ \vdots \\ b_n \end{pmatrix} \in \operatorname{Ker} A \cap \mathbf{Z}^n \end{cases}$$
(4.12)

を **GKZ 方程式系**といい，その解を **GKZ 超幾何関数**という．

記号の説明をしましょう．まず (4.11) の A は，整数を成分とする $d \times n$ 行列で，その (i, j)-成分を a_{ij} と書き，さらに A の第 j 列を a_j と書くのです．微分方程式系 (4.12) は，いずれも行列 A により記述されます．まず (4.12) のはじめ

の式には，A の成分 a_{ij} がそのまま現れています．第 2 式に現れた $\mathrm{Ker}\, A \cap \mathbf{Z}^n$ という記号は，

$$Ab = 0$$

をみたす整数を成分とするベクトル b の集合を表します．よってこの微分方程式も行列 A によって決まるのです．このように (4.12) は行列 A により規定される微分方程式なので，Gel'fand らによる原論文では A-超幾何微分方程式系という呼び方をしています．

4.1 節で見たように，A が (4.10) の行列の場合には，(4.12) はガンマ関数で係数が表される級数（本質的に超幾何級数）がみたす微分方程式系でした．その事情は一般に (4.12) で考えると，より鮮明になります．

定理 4.2.1 $A\gamma = \beta$ をみたす任意の $\gamma \in \mathbf{C}^n$ に対し，

$$\varphi(\gamma; x) = x^\gamma \sum_{k \in \mathrm{Ker}\, A \cap \mathbf{Z}^n} \frac{x^k}{\Gamma(\gamma + k + 1)} \tag{4.13}$$

は GKZ 方程式系 (4.12) の形式解となる．

記号の意味を説明します．級数の running index になっている k は，$Ak = 0$ となる整数を成分とする縦 n ベクトルを表します．そして

$$\gamma = \begin{pmatrix} \gamma_1 \\ \vdots \\ \gamma_n \end{pmatrix}, \quad k = \begin{pmatrix} k_1 \\ \vdots \\ k_n \end{pmatrix}$$

と書くとき，x^γ, x^k はそれぞれ

$$x^\gamma = x_1^{\gamma_1} \cdots x_n^{\gamma_n}, \quad x^k = x_1^{k_1} \cdots x_n^{k_n}$$

を表します．また $\Gamma(\gamma + k + 1)$ は，あまり普及している記号ではないかもしれませんが，ここでは

$$\Gamma(\gamma + k + 1) = \prod_{j=1}^n \Gamma(\gamma_j + k_j + 1)$$

4.2 GKZ 超幾何関数

という意味です.

定理で「形式解」と言っているのは, この級数の収束については言及しない, という意味です. したがってこの級数は収束するかもしれませんが, 発散するかもしれません. 実際に発散する場合もあります.

証明　証明は 4.1 節で行った考察と全く同様です. 各 j $(1 \leq j \leq n)$ に対して

$$A^j_{k_j} = \frac{x_j^{\gamma_j + k_j}}{\Gamma(\gamma_j + k_j + 1)}$$

とおきます. すると

$$\frac{\partial}{\partial x_j} A^j_{k_j} = \frac{(\gamma_j + k_j) x_j^{\gamma_j + k_j - 1}}{(\gamma_j + k_j)\Gamma(\gamma_j + k_j)} = A^j_{k_j - 1} \tag{4.14}$$

$$x_j \frac{\partial}{\partial x_j} A^j_{k_j} = (\gamma_j + k_j) A^j_{k_j} \tag{4.15}$$

が成り立ちます. するとまず (4.15) により,

$$\left(\sum_{j=1}^n a_{ij} x_j \frac{\partial}{\partial x_j} \right) \varphi = \sum_{j=1}^n a_{ij} x_j \frac{\partial}{\partial x_j} \sum_k \prod_{\ell=1}^n A^\ell_{k_\ell}$$

$$= \sum_{j=1}^n a_{ij} \sum_k (\gamma_j + k_j) \prod_{\ell=1}^n A^\ell_{k_\ell}$$

$$= \sum_{j=1}^n a_{ij} \gamma_j \cdot \sum_k \prod_{\ell=1}^n A^\ell_{k_\ell} + \sum_k \left(\sum_{j=1}^n a_{ij} k_j \right) \prod_{\ell=1}^n A^\ell_{k_\ell}$$

$$= \beta_i \varphi$$

となり, (4.12) の第 1 式の成立することが示されました. 最後の等号を示すのに, $A\gamma = \beta$, $Ak = 0$ を使いました. 次に (4.14) により,

$$\left(\prod_{j; b_j > 0} \left(\frac{\partial}{\partial x_j} \right)^{b_j} - \prod_{j; b_j < 0} \left(\frac{\partial}{\partial x_j} \right)^{-b_j} \right) \varphi$$

$$= \sum_k \prod_{j; b_j > 0} A^j_{k_j - b_j} \cdot \prod_{j; b_j < 0} A^j_{k_j} - \sum_k \prod_{j; b_j > 0} A^j_{k_j} \cdot \prod_{j; b_j < 0} A^j_{k_j + b_j}$$

$$= \sum_k \prod_{j; b_j > 0} A^j_{k_j - b_j} \cdot \prod_{j; b_j < 0} A^j_{k_j} - \sum_k \prod_{j; b_j > 0} A^j_{k_j - b_j} \cdot \prod_{j; b_j < 0} A^j_{k_j}$$

$$= 0$$

すなわち (4.12) の第 2 式が示されました．ただしここで，$k, b \in \mathrm{Ker}\, A \cap \mathbf{Z}^n$ ならば $k - b \in \mathrm{Ker}\, A \cap \mathbf{Z}^n$ であることを使い，第 2 辺から第 3 辺に移るときに第 2 項の running index k を $k - b$ に取り替えました．∎

4.1 節で (4.5) で定義された φ が微分方程式 (4.7), (4.8), (4.9) をみたすことを示しましたが，定理 4.2.1 の証明はそれと全く同様でした．しかるに定理 4.2.1 の級数 (4.13) の係数においては，ガンマ関数がすべて分母に来ていて，分母と分子に 2 個ずつガンマ関数を含んでいる φ とは明らかに見かけが異なります．これについては，(1.27) に挙げたガンマ関数の性質

$$\Gamma(\alpha)\Gamma(1-\alpha) = \frac{\pi}{\sin \pi \alpha} \qquad (4.16)$$

を用いて，φ の分子のガンマ関数を分母に移すことで，対応をつけることができます．実際, (4.16) により

$$A_n = \frac{\Gamma(\alpha + n)}{v_1{}^{\alpha+n}}(-1)^n = \frac{\pi}{\sin \pi(\alpha + n)} \frac{1}{\Gamma(1-\alpha-n)} \frac{(-1)^n}{v_1{}^{\alpha+n}}$$
$$= \frac{\pi}{\sin \pi \alpha} \frac{1}{\Gamma(1-\alpha-n)} v_1{}^{-\alpha-n}$$

などとなりますから，$\varphi = \sum_{n \in \mathbf{Z}} A_n B_n C_n D_n$ は

$$\frac{v_3{}^{\gamma-1}}{v_1{}^\alpha v_2{}^\beta} \sum_{n \in \mathbf{Z}} \frac{1}{\Gamma(1-\alpha-n)\Gamma(1-\beta-n)\Gamma(\gamma+n)\Gamma(1+n)} \left(\frac{v_3 v_4}{v_1 v_2}\right)^n$$

という (4.13) の形の級数の定数倍であることが分かります．ちなみに (4.10) の A に対しては，

$$\mathrm{Ker}\, A \cap \mathbf{Z}^4 = \left\{ \begin{pmatrix} n \\ n \\ -n \\ -n \end{pmatrix} ; n \in \mathbf{Z} \right\}$$

となることを注意しておきます．

定理 4.2.1 で GKZ 方程式系 (4.12) の形式級数解 (4.13) を記述しましたが，GKZ 方程式系の解は (4.13) のような形の級数解に限るのか，また形式級数

(4.13) はどんなときに収束するのか,という問題が自然に現れます.これらに関しては,次の条件を仮定するとき,非常にきれいな解答が得られています.

$$\langle a_1, a_2, \ldots, a_n \rangle = \mathbf{Z}^d \tag{4.17}$$

$$\exists h : \mathbf{Z}^d \to \mathbf{Z} \quad 準同型 \quad \text{s.t.} \quad h(a_j) = 1 \quad (1 \leq j \leq n) \tag{4.18}$$

これらの条件の内容を説明します.$a_1, a_2, \ldots, a_n$ は行列 A の各列を表す,整数を成分とする縦 d ベクトルでした.まず (4.17) は,$a_1, a_2, \ldots, a_n$ が加法群 $\mathbf{Z}^d$ を生成する,ということで,つまり $\mathbf{Z}^d$ の元はすべて $a_1, a_2, \ldots, a_n$ たちの整数係数の線形結合で表される,という条件です.一方 (4.18) は,h という $\mathbf{Z}^d$ から $\mathbf{Z}$ への準同型,すなわち $h(a+b) = h(a) + h(b)$ $(a, b \in \mathbf{Z}^d)$, $h(0) = 0$ をみたす写像で,すべての j $(1 \leq j \leq n)$ に対して $h(a_j) = 1$ が成り立つようなものが存在する,という条件です.

さて $\mathbf{R}^d$ の点 $a_1, a_2, \ldots, a_n$ および $\mathbf{R}^d$ の原点 0 で張られる凸多面体を,P とおきます.$\mathbf{R}^d$ 内の (d 次元) 図形の体積の測り方を,$\mathbf{R}^d$ の基本単体の体積が 1 となるように定めます.ただし $\mathbf{R}^d$ の基本単体とは,$\mathbf{R}^d$ の原点および標準底ベクトル

$$\begin{pmatrix} 1 \\ 0 \\ 0 \\ \vdots \\ 0 \end{pmatrix}, \begin{pmatrix} 0 \\ 1 \\ 0 \\ \vdots \\ 0 \end{pmatrix}, \ldots, \begin{pmatrix} 0 \\ 0 \\ 0 \\ \vdots \\ 1 \end{pmatrix}$$

を頂点とする多面体を指します.

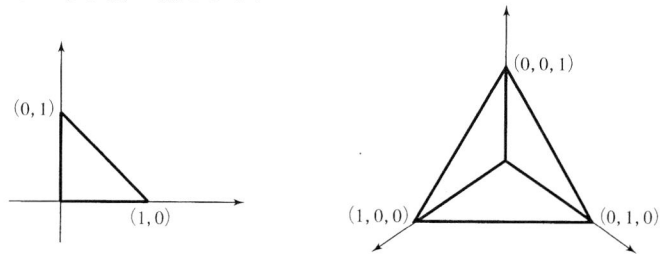

図 4.1 $\mathbf{R}^2$ および $\mathbf{R}^3$ の基本単体

このときまず次の定理が成り立ちます.

定理 4.2.2 条件 (4.17), (4.18) を仮定する．このとき GKZ 方程式系 (4.12) はホロノミック D 加群を定める．その解空間の次元は，凸多面体 P の体積 $\mathrm{vol}(P)$ に等しい．

解説をします．GKZ 方程式系 (4.12) がホロノミック D 加群を定めるとは，無限個の連立微分方程式 (4.12) をみたす関数が有限次元の線形空間をなす，ということを意味します．その線形空間を解空間と呼びます．定理の後半の記述を少し厳密に言うと，(4.12) の任意の解がどこで特異性を持つかということが分かるのですが，それ以外の点の近傍において，解全体が $\mathrm{vol}(P)$ 次元の線形空間をなすということです．

その解空間の基底を，(4.13) の形の級数解で構成することができます．それが次の定理ですが，それを述べるために少し準備を要します．

I を d 個の元からなる $\{1, 2, \ldots, n\}$ の部分集合とします．a_j $(j \in I)$ が線形独立のとき，I を基と呼びます．基 I に対して，a_j $(j \in I)$ と $\mathbf{R}^d$ の原点で張られる凸多面体を $\Delta(I)$ で表します．たとえば A が (4.10) で与えられたときは，

$$a_1 = \begin{pmatrix} 1 \\ 1 \\ 1 \end{pmatrix}, \quad a_2 = \begin{pmatrix} -1 \\ 0 \\ 0 \end{pmatrix}, \quad a_3 = \begin{pmatrix} 0 \\ 1 \\ 0 \end{pmatrix}, \quad a_4 = \begin{pmatrix} 0 \\ 0 \\ 1 \end{pmatrix}$$

ですから，これらのどの 3 個も線形独立なので，$\{1,2,3\}, \{1,2,4\}, \{1,3,4\}, \{2,3,4\}$ すべてが基となります．それぞれに対応する $\Delta(I)$ を図 4.2 に与えましょう．

基の集まり T が P の三角形分割とは，$I \in T$ となる $\Delta(I)$ の和集合が P となり，かつどの二つの $\Delta(I)$ たちも交わるとしたら共通の辺（何次元の辺でもよい）のみで交わる，となるようなものを言います．(図 4.3 参照)

基 I に対する錐 $C(I)$ を，

$$C(I) := \{w = (w_1, \ldots, w_n) \in \mathbf{R}^n ; f(a_j) = w_j \ (j \in I) \text{ で決まる線形写像}$$
$$f : \mathbf{R}^n \to \mathbf{R} \text{ に対して } f(a_j) \leq w_j \ (j \notin I)\}$$

で定め，三角形分割 T に対する錐 $C(T)$ を

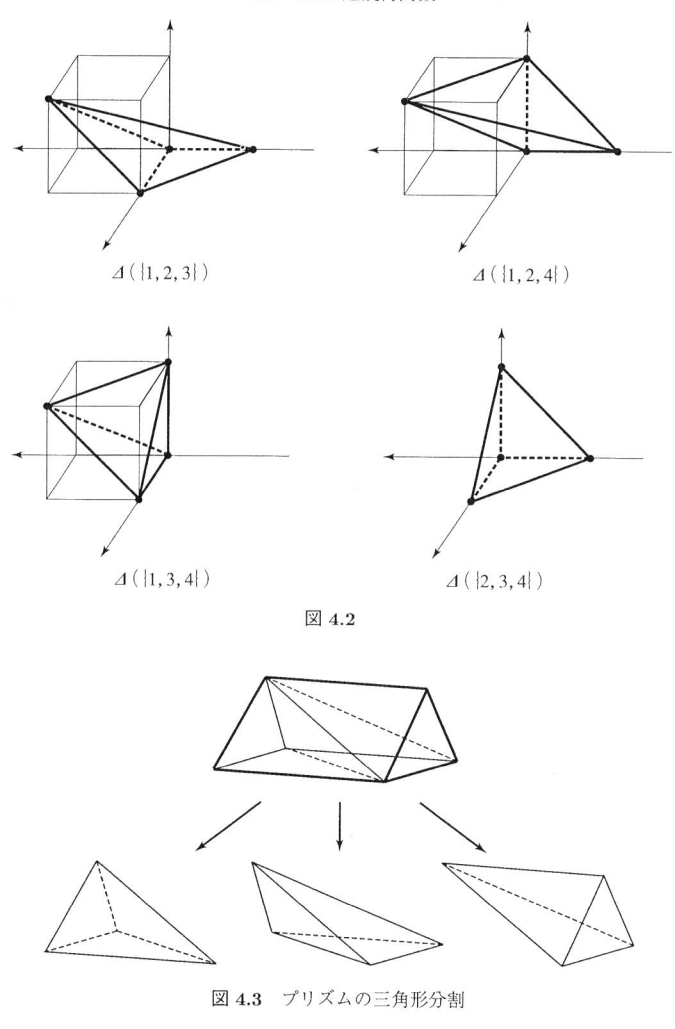

$\Delta(\{1,2,3\})$ $\Delta(\{1,2,4\})$

$\Delta(\{1,3,4\})$ $\Delta(\{2,3,4\})$

図 4.2

図 4.3 プリズムの三角形分割

$$C(T) = \bigcap_{I \in T} C(I)$$

で定めます．P の三角形分割 T が正則であるとは，$C(T)$ が内点を持つことと定義します．A が条件 (4.18) をみたすときには，対応する P は必ず正則三角形分割を持つことが示されます．

定義が続いたので，また (4.10) の A に対する P の三角形分割の例を挙げましょ

う. まず P は図 4.4 のようになっていますので, $I_1 = \{1, 3, 4\}, I_2 = \{2, 3, 4\}$ とすると $T = \{I_1, I_2\}$ は P の三角形分割になることが分かります.

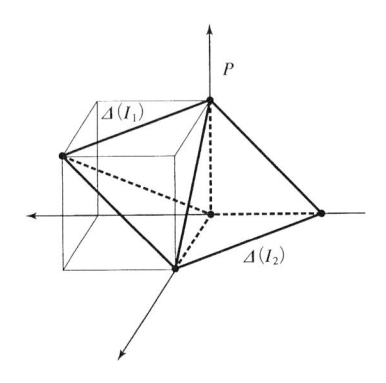

図 4.4

ここでまず $C(I_1)$ を求めましょう. $I_1 = \{1, 3, 4\}$ だったので, $C(I)$ の定義にある線形写像 $f : \mathbf{R}^3 \to \mathbf{R}$ は

$$f(a_1) = w_1, f(a_3) = w_3, f(a_4) = w_4$$

で定まるものになります. ところで $a_2 = -a_1 + a_3 + a_4$ なので, a_2 における値は

$$f(a_2) = f(-a_1 + a_3 + a_4) = -w_1 + w_3 + w_4$$

と決まってしまいます. したがって条件 $f(a_2) \leq w_2$ は,

$$-w_1 + w_3 + w_4 \leq w_2$$

という不等式となるのです. すなわち

$$C(I_1) = \{(w_1, w_2, w_3, w_4) \in \mathbf{R}^4 ; -w_1 + w_3 + w_4 \leq w_2\}$$

が分かりました. 同様にして,

$$C(I_2) = \{(w_1, w_2, w_3, w_4) \in \mathbf{R}^4 ; -w_2 + w_3 + w_4 \leq w_1\}$$

となることも分かります．この場合 $C(I_1)$ と $C(I_2)$ は同じ集合となりますので，$C(T) = C(I_1) \cap C(I_2) = C(I_1)$ は明らかに内点を持ちます．したがって $T = \{I_1, I_2\}$ は P の正則三角形分割であることが分かりました．

P の正則三角形分割を用いて，解空間の基底を与える級数解 (4.13) の選び方，つまり γ の選び方が記述されます．定理 4.2.1 により，

$$\gamma = \begin{pmatrix} \gamma_1 \\ \vdots \\ \gamma_n \end{pmatrix}$$

は $A\gamma = \beta$ をみたす $\mathbf{C}^n$ の元でしたが，基 I を一つ決めると，γ_j $(j \notin I)$ の値を任意に指定することで残りの γ_j $(j \in I)$ の値が決まることになります．そこでまず γ_j $(j \notin I)$ の値をすべて整数とするような γ の集合を考え，それを

$$\Pi_{\mathbf{Z}}(\beta, I) := \{\gamma \in \mathbf{C}^n; A\gamma = \beta,\ \gamma_j \in \mathbf{Z}\ (j \notin I)\}$$

とおきます．このような γ を考えると，ガンマ関数の性質によって，(4.13) の係数のうち $j \notin I$ に対する $1/\Gamma(\gamma_j + k_j + 1)$ の値が $k_j \leq -\gamma_j - 1$ で 0 になり，級数の収束に与るのです．次に $\mathrm{Ker}\, A \cap \mathbf{Z}^n$ の $\mathbf{Z}$-基底 $B = \{b^{(1)}, \ldots, b^{(n-d)}\}$，すなわち $b^{(k)}$ たちの整数係数の線形結合の全体が $\mathrm{Ker}\, A \cap \mathbf{Z}^n$ となるものを一つ持ってきます．各 k について

$$b^{(k)} = \begin{pmatrix} b^{(k)}_1 \\ \vdots \\ b^{(k)}_n \end{pmatrix}$$

とおきましょう．このとき，任意の $\gamma \in \Pi_{\mathbf{Z}}(\beta, I)$ に対して，

$$\gamma_j = \sum_{k=1}^{n-d} \lambda_k b^{(k)}_j \quad (j \notin I) \tag{4.19}$$

となる $\lambda_1, \ldots, \lambda_{n-d} \in \mathbf{R}$ が存在します．

問 1 このことを示せ．

さらに定義 (4.13) から，任意の $b \in \mathrm{Ker}\, A \cap \mathbf{Z}^n$ に対して $\varphi(\gamma; x) = \varphi(\gamma + b; x)$

が成り立つことが直ちに分かりますから，$\gamma \in \Pi_\mathbf{Z}(\beta, I)$ を適当に $\gamma + b$ で置き換えることで，(4.19) に現れる各 λ_k が $0 \leq \lambda_k < 1$ をみたすようにできます．そのような γ の集合を，$\Pi_\mathbf{Z}^B(\beta, I)$ で表します．

$$\Pi_\mathbf{Z}^B(\beta, I) := \{\gamma \in \Pi_\mathbf{Z}(\beta, I); j \notin I \text{ に対して} \gamma_j = \sum_{k=1}^{n-d} \lambda_k b_j^{(k)} \ (0 \leq \lambda_k < 1)\}$$

以上の話では基 I と $\mathrm{Ker} A \cap \mathbf{Z}^n$ の $\mathbf{Z}$-基底 B はそれぞれ勝手に選んでよかったのですが，こんどは I と B の相性が良いということを定義します．B は線形空間 $\mathrm{Ker} A \cap \mathbf{R}^n$ の基底にもなっていますから，任意の $b \in \mathrm{Ker} A \cap \mathbf{R}^n$ は B の元の実数係数の線形結合で表されます．

$$b = \sum_{k=1}^{n-d} \lambda_k b^{(k)} \qquad (\lambda_k \in \mathbf{R})$$

$b = (b_j)_{1 \leq j \leq n}$ とします．すべての $j \notin I$ に対して $b_j \geq 0$ とすると，必ず $\lambda_k \geq 0 \ (1 \leq k \leq n-d)$ が成り立つとき，I と B は相性が良いと言います．P の三角形分割 T と B が相性が良いとは，すべての $I \in T$ と B が相性が良いことと定義します．正則三角形分割に対しては，それと相性の良い $\mathrm{Ker} A \cap \mathbf{Z}^n$ の $\mathbf{Z}$-基底が無数に存在することが示されます．

最後にもう一つだけ定義を与えます．P の三角形分割 T に対して，$\beta \in \mathbf{C}^d$ が T-非共鳴であるとは，各 $I \in T$ に対する $\Pi_\mathbf{Z}(\beta, I)$ がお互いに共通部分を持たないこととします．

これでやっと定理を述べる準備が整いました．

$$\Pi_\mathbf{Z}^B(\beta, T) = \bigcup_{I \in T} \Pi_\mathbf{Z}^B(\beta, I)$$

とおきます．

定理 4.2.3 条件 (4.17), (4.18) を仮定する．T を P の正則三角形分割とし，B を T と相性の良い $\mathrm{Ker} A \cap \mathbf{Z}^n$ の $\mathbf{Z}$-基底とする．β が T-非共鳴とすると，

$$\{\varphi(\gamma; x); \gamma \in \Pi_\mathbf{Z}^B(\beta, T)\}$$

は共通の領域で収束する (4.12) の級数解の集まりとなり，(4.12) の解空間の基底を与える．

この定理の証明，および正則三角形分割やそれと相性の良い B の存在については，原論文に委ねます[*1]．それぞれの概念の意味を理解するために，Gauss の超幾何微分方程式に相当する (4.10) の A に対して，具体的に定理の記述を当てはめてみることを勧めます．

問 2 (4.10) の A に対しては，P の正則三角形分割は何通りあるか．各正則三角形分割 T に対し，β が T-非共鳴となる条件を求め，級数解の集合 $\{\varphi(\gamma;x); \gamma \in \Pi_{\mathbf{Z}}^{B}(\beta,T)\}$ を求めよ．

4.3 GKZ 超幾何関数の積分表示

GKZ 超幾何関数は，級数展開を念頭に置いて定義されたものでしたが，積分表示も持つことが示されます．この節では積分表示の求め方を紹介し，どんな積分表示が現れるのか例で調べてみます．

まず行列 $A \in \mathrm{M}(d,n;\mathbf{Z})$ が特別な形をしている場合から始めましょう．m, k を $m+k=d$ となる自然数とし，$\{1,2,\ldots,n\}$ が m 個の部分集合に分割されているとします．

$$\{1,2,\ldots,n\} = I_1 \cup I_2 \cup \cdots \cup I_m, \quad I_i \cap I_j = \emptyset \quad (i \neq j)$$

そして I_i に属する j については，A の第 j 列 a_j が

$$a_j = \begin{pmatrix} e_i \\ a'_j \end{pmatrix} \tag{4.20}$$

という形をしているとします．ここで e_i は，第 i 成分が 1 でその他の成分が 0 という縦 m ベクトルを表します．したがって $a'_j \in \mathbf{Z}^k$ となります．$1 \leq i \leq m$ に対し，

[*1] [GZK1], [GZK2]

$$A_i = (a'_j)_{j \in I_i}$$

とおきます．このような形をしている A を，正規形と呼びましょう．たとえば，$a'_1, \ldots, a'_7 \in \mathbf{Z}^k$ とするとき，

$$A = \begin{pmatrix} 1 & 0 & 0 & 0 & 1 & 0 & 0 \\ 0 & 1 & 0 & 0 & 0 & 1 & 1 \\ 0 & 0 & 1 & 1 & 0 & 0 & 0 \\ a'_1 & a'_2 & a'_3 & a'_4 & a'_5 & a'_6 & a'_7 \end{pmatrix}$$

は正規形をしています．この場合は $d = 3 + k$，$n = 7$，$m = 3$ であり，$I_1 = \{1, 5\}$，$I_2 = \{2, 6, 7\}$，$I_3 = \{3, 4\}$ であることが A から読みとれます．

4.2 節では，A に条件 (4.17)，(4.18) を課して議論しました．正規形の A についてはこれらの条件はみたされるのか，調べておく必要があります．

命題 4.3.1 (i) $h : \mathbf{Z}^d \to \mathbf{Z}$ をはじめの m 成分の和をとるという写像とすると，正規形 (4.20) をしている A に対しては

$$h(a_j) = 1 \qquad (1 \leq j \leq n)$$

が成り立つ．

(ii) 正規形 (4.20) をしている A に対して，$\{A_1, A_2, \ldots, A_m\}$ が $\mathbf{Z}^k$ を生成し，各 A_i が 0 ベクトルを含むなら，$a_1, \ldots, a_n$ は $\mathbf{Z}^d$ を生成する．

容易に分かりますので，証明は略します．

さて積分変数を k 個用意します．それらを $t_1, t_2, \ldots, t_k$ とし，まとめて $t = (t_1, t_2, \ldots, t_k)$ と表します．次に各 i $(1 \leq i \leq m)$ に対して，

$$P_i(t; x) = \sum_{j \in I_i} x_j t^{a'_j}$$

とおきます．ここで $t^{a'_j}$ は以前も出てきた多重指数による表記法で，$a'_j = (a'_{\ell j})_{m+1 \leq \ell \leq d}$ でしたから

$$t^{a'_j} = t_1^{a'_{m+1, j}} t_2^{a'_{m+2, j}} \cdots t_k^{a'_{dj}}$$

4.3 GKZ 超幾何関数の積分表示

という意味です. $a_j' \in \mathbf{Z}^k$ でしたから，P_i の中には一般に t_ℓ の負ベキを含む項も現れます. (そのような P_i は Laurent 多項式と呼ばれます.) パラメーター

$$\alpha = (\alpha_1, \ldots, \alpha_m) \in \mathbf{C}^m, \quad \beta = (\beta_1, \ldots, \beta_k) \in \mathbf{C}^k$$

を用意し，

$$F_\Delta(\alpha, \beta; P_1, \ldots, P_m) = \int_\Delta \prod_{i=1}^m P_i(t;x)^{\alpha_i} t_1^{\beta_1} t_2^{\beta_2} \cdots t_k^{\beta_k} dt_1 \wedge dt_2 \wedge \cdots \wedge dt_k \tag{4.21}$$

とおきます. ここで Δ は，この積分に応じた twisted cycle と了解して下さい.

定理 4.3.1 $\varphi(x) = F_\Delta(\alpha, \beta; P_1, \ldots, P_m)$ は，上記の A と $\gamma = (\alpha_1, \ldots, \alpha_m, -\beta_1 - 1, \ldots, -\beta_k - 1)$ に対する GKZ 方程式系 (4.12) の解となる.

証明 まず (4.12) の第 1 式を示しましょう. 命題 3.3.4 と同様の方法で示します. つまり何らかの同次性を見つけ，その無限小版として微分方程式を導きます.

積分表示 (4.21) から，

$$F_\Delta(\alpha, \beta; \lambda_1 P_1, \ldots, \lambda_m P_m) = \left(\prod_{i=1}^m \lambda_i^{\alpha_i}\right) F_\Delta(\alpha, \beta; P_1, \ldots, P_m) \tag{4.22}$$

が成り立つことが分かります. ところで P_i を λ_i 倍するということは，$j \in I_i$ に対する x_j を λ_i 倍するということと同じですから，(4.22) の左辺は

$$\varphi(\lambda_{i(1)} x_1, \lambda_{i(2)} x_2, \ldots, \lambda_{i(n)} x_n) \tag{4.23}$$

となります. ただし j に対して $j \in I_i$ となる i のことを $i(j)$ と書きました. (4.22) の両辺を λ_i で微分して $\lambda_1 = \cdots = \lambda_m = 1$ を代入すると，左辺は $\alpha_i \varphi(x)$ となり，一方右辺は (4.23) により，

$$\sum_{j \in I_i} x_j \frac{\partial}{\partial x_j} \varphi(x)$$

となることが分かります．すなわち

$$\sum_{j \in I_i} x_j \frac{\partial}{\partial x_j} \varphi = \alpha_i \varphi \qquad (1 \leq i \leq m)$$

が成り立ちますが，これは正規形 (4.20) をしている A に対する，(4.12) の第 1 式の $1 \leq i \leq m$ の場合に相当します．

次に積分表示 (4.21) において，$P_i(t;x)$ を $P_i^{(\mu)}(t;x) = P_i(\mu_1 t_1, \ldots, \mu_k t_k; x)$ で置き換えたものを考えます．この t の置き換えを積分変数の変換と思うと，$t_1^{\beta_1} \cdots t_k^{\beta_k} dt_1 \wedge \cdots \wedge dt_k$ の部分からおつりが出てきて，

$$F_\Delta(\alpha, \beta; P_1^{(\mu)}, \ldots, P_m^{(\mu)}) = \left(\prod_{j=1}^k \mu_j^{-\beta_j - 1} \right) F_\Delta(\alpha, \beta; P_1, \ldots, P_m) \tag{4.24}$$

が得られます．一方 $P_i^{(\mu)} = \sum_{j \in I_i} x_j (\mu t)^{a'_j} = \sum_{j \in I_i} \mu^{a'_j} x_j t^{a'_j}$ と読めば，(4.24) の左辺は

$$\varphi(\mu^{a'_1} x_1, \mu^{a'_2} x_2, \ldots, \mu^{a'_n} x_n)$$

であることが分かります．ここではもちろん $\mu^{a'_j} = \mu_1^{a_{m+1,j}} \cdots \mu_k^{a_{dj}}$ とおいています．このことに注意すると，(4.24) の両辺を μ_i で微分し $\mu_1 = \cdots = \mu_k = 1$ を代入することで，先と同様にして

$$\sum_{j=1}^n a_{ij} x_j \frac{\partial}{\partial x_j} \varphi = (-\beta_i - 1) \varphi \qquad (m+1 \leq i \leq d)$$

が得られます．これは (4.12) の第 1 式の $m+1 \leq i \leq d$ の場合に他なりません．

(4.12) の第 2 式については，Δ が twisted cycle であることから，$F_\Delta(\alpha, \beta; P_1, \ldots, P_m)$ を微分したときの Δ の境界からの寄与を気にしなくてよいので，被積分関数 $\prod P_i^{\alpha_i} t_1^{\beta_1} \cdots t_k^{\beta_k}$ が (4.12) の第 2 式をみたすことを示せばよいことになります．その証明は問に任せましょう．

問 3 $\prod P_i^{\alpha_i} t_1^{\beta_1} \cdots t_k^{\beta_k}$ が (4.12) の第 2 式をみたすことを示せ．

4.3 GKZ 超幾何関数の積分表示

あるいは原論文[*1)]を参照して下さい. ■

こうして A が正規形をしている場合には,GKZ 超幾何関数の積分表示が構成できました. では正規形をしていない A に対してはどのようにすればよいのでしょうか. 次の命題が一つの道を教えてくれます.

命題 4.3.2 g を整数を成分とする $d \times d$ 行列で,行列式が ± 1 であるものとする. このとき,φ が (A, β) に対する GKZ 方程式系の解ならば,φ は $(gA, g\beta)$ に対する GKZ 方程式系の解でもある.

証明 (A, β) に対する GKZ 方程式系 (4.12) の第 1 式は,

$$\left[A \begin{pmatrix} x_1 \frac{\partial}{\partial x_1} \\ \vdots \\ x_n \frac{\partial}{\partial x_n} \end{pmatrix} - \beta \right] \varphi = 0$$

と表すことができる. この両辺に左から g を掛けると,

$$\left[gA \begin{pmatrix} x_1 \frac{\partial}{\partial x_1} \\ \vdots \\ x_n \frac{\partial}{\partial x_n} \end{pmatrix} - g\beta \right] \varphi = 0$$

が得られる. (4.12) の第 2 式については,

$$b \in \mathrm{Ker}\, A \Leftrightarrow Ab = 0 \Leftrightarrow gAb = 0 \Leftrightarrow b \in \mathrm{Ker}(gA)$$

により OK. ■

この命題によると,与えられた A に対して適当な g を見つけてきて,gA が正規形になるようにできれば積分表示が手に入ることになります.

例で見てみましょう. Gauss の超幾何関数に対応するのは,(4.10) で与えられた行列 A でした.

[*1)] [GKZ]

$$A = \begin{pmatrix} 1 & -1 & 0 & 0 \\ 1 & 0 & 1 & 0 \\ 1 & 0 & 0 & 1 \end{pmatrix}$$

見て分かるように,これは正規形をしていません.そこで行列 g を

$$g = \begin{pmatrix} -1 & 1 & 0 \\ 0 & 0 & 1 \\ 0 & 1 & 0 \end{pmatrix}$$

ととると,

$$gA = \begin{pmatrix} 0 & 1 & 1 & 0 \\ 1 & 0 & 0 & 1 \\ 1 & 0 & 1 & 0 \end{pmatrix} \tag{4.25}$$

となり, $m = 2$, $k = 1$ とした正規形になります.手順に従って積分表示を作りましょう.

$k = 1$ なので,用意する積分変数は 1 個です.それを t としましょう.(4.25) の点線の下の部分に注目します.各列を見て,そこに 1 があれば $t^1 = t$ を,0 があれば $t^0 = 1$ を対応させます.こうしてできた単項式に,順に係数 x_1, x_2, x_3, x_4 を掛けます.(4.25) より $I_1 = \{2, 3\}, I_2 = \{1, 4\}$ が分かるので,P_1 は第 2,3 列から得られる項の和,P_2 は第 1,4 列から得られる項の和として定義されます.すなわち

$$P_1 = x_2 + x_3 t, \quad P_2 = x_1 t + x_4$$

となります.したがって積分表示 (4.21) はこの場合,

$$F_\Delta(\alpha, \beta; x) = \int_\Delta (x_2 + x_3 t)^{\alpha_1} (x_1 t + x_4)^{\alpha_2} t^\beta dt$$

となります.これは $x_2 = 1$, $x_3 = -1$, $x_1 = x$, $x_4 = 1$ とすると,Gauss の超幾何関数の積分表示 (1.32) に他ならないことが分かります.

もう一つ例を挙げます.(2.11) に挙げた,Appell の 2 変数超幾何級数 F_4 の積分表示を構成しましょう.F_4 は級数で与えられているので,それを GKZ 超

4.3 GKZ 超幾何関数の積分表示

幾何関数と見なし，対応する行列 A を求めて積分表示にたどり着きたいと思います．F_4 の級数の係数をガンマ関数で表し，(4.16) を使って分子に現れるガンマ関数を分母に送ると，c を定数として

$$F_4(\alpha,\beta,\gamma,\gamma';x,y)$$
$$= c \sum_{m,n\in \mathbf{Z}} \frac{x^m y^n}{\Gamma(1-\alpha-m-n)\Gamma(1-\beta-m-n)\Gamma(\gamma+m)\Gamma(\gamma'+n)\Gamma(1+m)\Gamma(1+n)}$$

と書けることが分かります．これを (4.13) と見比べると，

$$\mathrm{Ker}A \ni k = \begin{pmatrix} -m-n \\ -m-n \\ m \\ n \\ m \\ n \end{pmatrix}$$

ということになりますので，逆にこの条件から行列 A を決めましょう．たとえば

$$A = \begin{pmatrix} 1 & 0 & 1 & 1 & 0 & 0 \\ 0 & 1 & 0 & 0 & 1 & 1 \\ 0 & 0 & 1 & 0 & -1 & 0 \\ 0 & 0 & 0 & 1 & 0 & -1 \end{pmatrix} \quad (4.26)$$

ととればよいことが分かります．この A は $m=2, k=2$ としてすでに正規形をしています．

用意する積分変数は $k=2$ なので 2 個です．それらを t_1, t_2 とします．A の下半分の各列を見て，$\begin{pmatrix} p \\ q \end{pmatrix}$ には $t_1{}^p t_2{}^q$ を対応させ，それに x_j を掛けて Laurent 単項式を作ります．$I_1 = \{1,3,4\}$, $I_2 = \{2,5,6\}$ に基づいて，これらの単項式の和をとり Laurent 多項式 P_1, P_2 を作ります．以上の作業をまとめると，次のようになります．

$$\begin{pmatrix} 1 & 0 & 1 & 1 & 0 & 0 \\ 0 & 1 & 0 & 0 & 1 & 1 \\ \hdashline 0 & 0 & 1 & 0 & -1 & 0 \\ 0 & 0 & 0 & 1 & 0 & -1 \end{pmatrix}$$

$$\downarrow \quad \downarrow \quad \downarrow \quad \downarrow \quad \downarrow \quad \downarrow$$

$$1 \quad 1 \quad t_1 \quad t_2 \quad t_1^{-1} \quad t_2^{-1}$$

$$\downarrow \quad \downarrow \quad \downarrow \quad \downarrow \quad \downarrow \quad \downarrow$$

$$x_1 \quad x_2 \quad x_3 t_1 \quad x_4 t_2 \quad x_5 t_1^{-1} \quad x_6 t_2^{-1}$$

$$P_1 = x_1 + x_3 t_1 + x_4 t_2 \qquad P_2 = x_2 + x_5 x_5 t_1^{-1} + x_6 t_2^{-1}$$

こうして (4.26) に対応する GKZ 超幾何関数の積分表示として,

$$F_\Delta = \int_\Delta (x_1 + x_3 t_1 + x_4 t_2)^{\alpha_1} (x_2 + x_5 x_5 t_1^{-1} + x_6 t_2^{-1})^{\alpha_2} t_1^{\beta_1} t_2^{\beta_2} dt_1 \wedge dt_2 \tag{4.27}$$

が得られました. 変数 $(x_1, \ldots, x_6)$ およびパラメター $\alpha_1, \alpha_2, \beta_1, \beta_2$ を適当に調節すると, これから (2.15) に挙げた F_4 の積分表示

$$\begin{aligned} F_4(\alpha, \beta, \gamma, \gamma'; x, y) \\ = c \int_\Delta (1 - t_1 - t_2)^{\gamma+\gamma'-\alpha-2} \left(1 - \frac{x}{t_1} - \frac{y}{t_2}\right)^{-\beta} t_1^{-\gamma} t_2^{-\gamma'} dt_1 \wedge dt_2 \end{aligned} \tag{4.28}$$

が得られます.

今の例からも分かるように, GKZ 超幾何関数の積分表示には, 一般に積分変数の有理関数のベキ関数が現れます. そのような積分表示を用いて関数の大域挙動を調べるのは, 難しいことと思われますが, 大きな研究テーマであると考えられます.

3.3 節で扱った Grassmann 多様体上の超幾何関数は, 1 次式のベキ関数で書かれる積分表示を持ちました. またそれは GKZ 超幾何関数の特別な場合と見

なすことができますので，GKZ 超幾何関数は Grassmann 多様体上の超幾何関数よりも広い概念になっていることが分かります．このように積分表示は，関数の大域挙動の解析に使われるだけでなく，さまざまな関数たちを比べるときにも役立ちます．

問 4 どのような A をとれば，Grassmann 多様体上の超幾何関数を GKZ 超幾何関数と見なすことができるか．

命題 3.2 は，行列 A を正規形に持っていける可能性や正規形の一意性については何も言っていません．実は Appell の 2 変数超幾何級数 F_1 については，対応する A を二通りの方法で正規形に持っていけて，それが F_1 の二通りの積分表示 (2.14) に対応しています．これは Grassmann 多様体の双対の立場からも説明でき，A の正規形を通して GKZ 超幾何関数の双対性の構造が浮かび上がってくるようです．

問 5 F_1 に関する上の記述を示せ．

問 6 行列 A を正規形に持っていける可能性について論ぜよ．その一意性についても論ぜよ．条件 (4.17), (4.18) との関係は？ 正規形の一意性がない場合，その根底には双対性のような構造があるのだろうか？

GKZ 超幾何関数は，今まで見てきたように非常に大きなクラスをなしていると同時に，非常に豊かな構造を備えています．そしてその構造が，たとえば多面体の体積や三角形分割など，幾何学的・組合せ論的な言語で記述されるのも魅力です．GKZ 方程式系の特異点の集合の記述・GKZ 方程式系の特異点の集合への制限など，いくつかの重要な結果を扱えませんでしたが，それらを論ずるには今度は D 加群の言語や新しい行列式の概念を必要とします[*1]．また双対性・積分表示を用いた大域解析・合流など，多くの重要なテーマが残されているのも，魅力です．

[*1] [柏原], [大阿久], [SST], [GKZ-book], [N]

5

微 分 方 程 式

　最後の章では，超幾何微分方程式のような良い微分方程式を見つけることで，新しい超幾何関数の仲間を見つけていこうと思います．キーワードはアクセサリー・パラメター（accessory parameter）です．超幾何微分方程式は，accessory parameter を持たないという特徴を持っており，そのような方程式に対しては monodromy 表現が具体的に計算できることが知られていました．

　最近になって，この方面の研究が大きく進展しました．accessory parameter を持たない方程式をすべて求めるアルゴリズムが発見され，それに伴ってそのような方程式の解が積分表示を持つことが示されたのです．この章ではこの最新の結果を紹介します．その積分表示を通して，GKZ 超幾何関数などほかの仲間たちとの関係も見ることができます．

5.1　Accessory parameter

Gauss の超幾何微分方程式

$$x(1-x)y'' + \{\gamma - (\alpha+\beta+1)x\}y' - \alpha\beta y = 0 \tag{5.1}$$

の特異点の位置とそこでの解の局所挙動が，Riemann scheme

$$\left\{\begin{array}{ccc} x=0 & x=1 & x=\infty \\ 0 & 0 & \alpha \\ 1-\gamma & \gamma-\alpha-\beta & \beta \end{array}\right\} \tag{5.2}$$

で記述されました（1.2 節）．逆に Riemann scheme (5.2) は，どれくらい微分方程式を特定するでしょうか．これは Riemann が問うた問題で，実は完全に特定するのです．

定理 5.1.1　Riemann scheme (5.2) で表される局所挙動を示す Fuchs 型微分

方程式は, Gauss の超幾何微分方程式 (5.1) に限る.

証明 (5.2) を実現する方程式は, まず $\mathbf{P}^1$ 上 $\{0,1,\infty\}$ のみに確定特異点を持つ 2 階の方程式であることが分かります. 定理 1.2.1 を適用すると, $x = 0, 1$ が確定特異点であることから

$$y'' + \frac{P(x)}{x(1-x)}y' + \frac{Q(x)}{x^2(1-x)^2}y = 0$$

という形をしていることが分かります. ただし $P(x), Q(x)$ は多項式です. さらに $x = \infty$ も確定特異点であることから, $t = 1/x$ を変数にとって同じ定理を適用することで,

$$\deg P \leq 1, \quad \deg Q \leq 2$$

が従います. あとは各特異点における特性指数が (5.2) の通りになるという条件が, 決定方程式 (1.9) を経由して $P(x), Q(x)$ の係数を完全に決めるので, (5.1) に限ることが示されます. ■

問 1 上の証明に示されている手順を, 具体的に実行せよ.

Riemann は, 一般に $a, b, c \in \mathbf{P}^1$ に対して

$$\left\{ \begin{array}{ccc} x = a & x = b & x = c \\ \alpha_1 & \beta_1 & \gamma_1 \\ \alpha_2 & \beta_2 & \gamma_2 \end{array} \right\} \tag{5.3}$$

という scheme を実現する Fuchs 型微分方程式が, ただ一つに限ることを示しました. (証明は本質的に定理 5.1.1 と同じです.) その方程式を Riemann 方程式と呼びます. ただしここで, 特性指数 $\alpha_1, \alpha_2, \beta_1, \beta_2, \gamma_1, \gamma_2$ たちを, 全く自由に与えるわけにはいきません. それらは Fuchs の関係式と呼ばれる

$$\alpha_1 + \alpha_2 + \beta_1 + \beta_2 + \gamma_1 + \gamma_2 = 1 \tag{5.4}$$

という条件をみたす必要があります. (5.2) に対しては, もちろん (5.4) は成り立っています.

Riemann 方程式は，独立変数および未知関数に対する初等的な変換をすることで，Gauss の超幾何微分方程式 (5.1) に帰着されます．まず (5.3) に対応する微分方程式の未知関数を $y(x)$ とし，

$$z(x) = \left(\frac{x-a}{x-c}\right)^\lambda \left(\frac{x-b}{x-c}\right)^\mu y(x)$$

により未知関数を $z(x)$ に変換すると，$z(x)$ に対する Riemann scheme が

$$\left\{\begin{array}{ccc} x=a & x=b & x=c \\ \alpha_1+\lambda & \beta_1+\mu & \gamma_1-\lambda-\mu \\ \alpha_2+\lambda & \beta_2+\mu & \gamma_2-\lambda-\mu \end{array}\right\}$$

となることが，Riemann 方程式の一意性を用いると容易に示されます．ただし a,b,c のうちの一つ，たとえば c が ∞ のときには，

$$z(x) = (x-a)^\lambda (x-b)^\mu y(x)$$

により $z(x)$ を定めます．そこで $\lambda=-\alpha_1, \mu=-\beta_1$ とすると，$x=a$ および $x=b$ における特性指数のうちのそれぞれ一つを 0 にすることができます．次に独立変数の 1 次分数変換により，a,b,c をそれぞれ $0,1,\infty$ に写すと，Riemann scheme が (5.2) の形となることもやはり Riemann 方程式の一意性から分かり，したがって定理 1.1 により対応する微分方程式として Gauss の超幾何微分方程式が得られます．

一般の階数 n，特異点の個数 k の Riemann scheme に対する Fuchs の関係式は，次のとおりです．

定理 5.1.2 Riemann scheme

$$\left\{\begin{array}{cccc} x=a_1 & x=a_2 & \cdots & x=a_k \\ \alpha_{11} & \alpha_{12} & \cdots & \alpha_{1k} \\ \vdots & \vdots & & \vdots \\ \alpha_{n1} & \alpha_{n2} & \cdots & \alpha_{nk} \end{array}\right\}$$

を実現する Fuchs 型微分方程式が存在するためには，関係式

$$\sum_{j=1}^{k}\sum_{i=1}^{n}\alpha_{ij} = \frac{(k-2)n(n-1)}{2} \tag{5.5}$$

が成立することが必要十分である．

証明はたとえば [福原，第 5 章 §1] などを参照してください．

超幾何微分方程式，あるいは Riemann 方程式については，Riemann scheme が方程式を決定しました．Riemann scheme は解の局所挙動を記述していましたから，このことは標語的に「局所挙動が方程式を決める」と言えます．これはどれくらい特別なことなのでしょうか．

たとえば $\mathbf{P}^1$ 上の 4 点 $\{0, 1, t, \infty\}$ に確定特異点を持っている 2 階の Fuchs 型方程式を考えます．未知関数の変換をすることで，その Riemann scheme が

$$\left\{\begin{array}{cccc} x=0 & x=1 & x=t & x=\infty \\ 0 & 0 & 0 & \delta_1 \\ \alpha & \beta & \gamma & \delta_2 \end{array}\right\} \tag{5.6}$$

であるとして一般性を失いません．このとき Fuchs の関係式は，

$$\alpha + \beta + \gamma + \delta_1 + \delta_2 = 2 \tag{5.7}$$

となります．

命題 5.1.1 Riemann scheme (5.6) を実現する Fuchs 型方程式は，

$$y'' + \frac{p_0 + p_1 x + p_2 x^2}{x(x-1)(x-t)} y' + \frac{h + \delta_1 \delta_2 x}{x(x-1)(x-t)} y = 0 \tag{5.8}$$

で与えられる．ただしここで

$p_0 = (1-\alpha)t,\ p_1 = (\alpha + \gamma - 2) + (\alpha + \beta - 2)t,\ p_2 = 3 - \alpha - \beta - \gamma$

であり，また h は任意の複素数である．

証明は定理 5.1.1 の証明と同じ手順でできます．(5.8) は Heun 方程式と呼ばれます．

h の値が任意ということは，その値は Riemann scheme (5.6) からは決まらないということになります．つまり Riemann scheme (5.6) は方程式を完全には決定しません．h のように Riemann scheme から決まらない係数のことを，accessory parameter と呼びます．したがって超幾何微分方程式や Riemann 方程式のように，局所挙動により決まる方程式とは，accessory parameter を持たない方程式と言うことができます．これが 1.1 節で超幾何微分方程式の特徴として挙げた（エ）の意味です．

accessory parameter がない場合，方程式は Riemann scheme，言い換えると特性指数から決まりますから，当然その monodromy 表現も特性指数により決定されます．実はその場合，monodromy 表現が特性指数を用いて具体的に記述できることが分かります[*1]．一方 accessory parameter がある場合には，accessory parameter の値は当然 monodromy 表現に反映します．しかしいったいどのような形で反映するのかということについては，一般には分かっておりません．一般には，monodromy 表現は accessory parameter に非常に超越的に依存するのであろうと考えられています．この問題については，monodromy 保存変形の研究[*2]が足がかりになるであろうと思われます．

こういった認識に基づくならば，微分方程式を通して超幾何関数の仲間を見つけようとするときには，accessory parameter を持たない方程式を対象にするのが良さそうです．そこで，「accessory parameter を持たない方程式をすべて求め，それらの解の挙動を記述せよ」という問題を本章のテーマとして掲げましょう．

5.2　Rigid 局所系

3.2 節のはじめの部分（特に (3.12)）において，線形微分方程式から monodromy 表現が決まり，monodromy 表現は基本群の表現なので，局所系と見なせるということを説明しました．本節ではまず，逆に monodromy 表現（局所系）が微分方程式をある意味で決めてしまう，という事情を説明します．すると

[*1]　5.2 節の末尾の注意参照．
[*2]　[岡本], [IKSY, Chapter 3]

微分方程式を考えるのと局所系を考えるのとは等価になりますから, accessory parameter を持たない微分方程式という概念に対応する, 局所系に対する概念があるはずです. それが標題の rigid 局所系ということになります.

定理 5.2.1 $\mathbf{P}^1$ 上 $\{a_1, a_2, \ldots, a_k\}$ に確定特異点を持つ n 階の Fuchs 型方程式 (E), (F) を考える. (E) と (F) の monodromy 表現が共役になるということと, (E) と (F) が有理関数係数の変換で移り合うということは, 同値である.

証明 $X = \mathbf{P}^1 \setminus \{a_1, a_2, \ldots, a_k\}$ とおき, $x_0 \in X$ を一つとります. (E) と (F) の monodromy 表現が共役になるとすると, x_0 の近傍におけるそれぞれの方程式の解の基本系 $\mathcal{Y} = (y_1, \ldots, y_n), \mathcal{Z} = (z_1, \ldots, z_n)$ をうまくとって, これらに関する monodromy 表現が一致するようにできます. すなわち各 $L \in \pi_1(X, x_0)$ に $C(L) \in \mathrm{GL}(n, \mathbf{C})$ が対応し,

$$L_* \mathcal{Y} = \mathcal{Y} C(L), \quad L_* \mathcal{Z} = \mathcal{Z} C(L)$$

が成り立ちます. ただし L に沿った解析接続を L_* で表しています. いま

$$Y = \begin{pmatrix} y_1 & y_2 & \cdots & y_n \\ y_1' & y_2' & \cdots & y_n' \\ \vdots & \vdots & & \vdots \\ y_1^{(n-1)} & y_2^{(n-1)} & \cdots & y_n^{(n-1)} \end{pmatrix}$$

$$Z = \begin{pmatrix} z_1 & z_2 & \cdots & z_n \\ z_1' & z_2' & \cdots & z_n' \\ \vdots & \vdots & & \vdots \\ z_1^{(n-1)} & z_2^{(n-1)} & \cdots & z_n^{(n-1)} \end{pmatrix}$$

とおき, さらに

$$YZ^{-1} = Q$$

とおきます. すると $Q = Q(x)$ は X 上で正則となりますが, さらに一価であることも分かります. というのは, 任意の $L \in \pi_1(X, x_0)$ に対して,

$$L_*Q = (L_*Y)(L_*Z)^{-1} = YC(L)(ZC(L))^{-1} = YZ^{-1} = Q$$

となるからです.したがって各 $x = a_j$ は Q の孤立特異点となります.(E), (F) は Fuchs 型でしたから,Y, Z の成分は $x = a_j$ で高々確定特異点を持ち,よって $x = a_j$ が Q の真性特異点となることはありません.孤立特異点の分類により,$x = a_j$ は Q の高々極であることが分かります.すると Q の各成分は $\mathbf{P}^1$ 上で有理型(極を除いて正則)ということになりますが,そのようなものは有理関数に限りますので,Q は有理関数を成分とすることが分かりました[*1].

$$Q = (q_{ij}(x))$$

としますと,各 $q_{ij}(x)$ は有理関数であり,$Y = QZ$ により

$$y_j = q_{11}z_j + q_{12}z'_j + \cdots + q_{1n}z_j^{(n-1)} \qquad (1 \leq j \leq n)$$

が成り立ちます.すなわち (E) と (F) は,

$$y = q_{11}z + q_{12}z' + \cdots + q_{1n}z^{(n-1)}$$

という有理関数を係数とする変換で移り合うということになります.

以上の議論を逆にたどると,逆向きの主張も示されます. ∎

この定理により,Fuchs 型方程式とその monodromy 表現(局所系)は,本質的にお互いを決め合っていることが分かりました.そこで,accessory parameter を持たない Fuchs 型方程式に対応する局所系を特徴づけようと思います.

定理の証明と同じく,$X = \mathbf{P}^1 \setminus \{a_1, a_2, \ldots, a_k\}$ とおきます.$\mathcal{F}$ を X 上の階数 n の局所系とします.すなわち $x_0 \in X$ を一つとるとき,$\mathcal{F}$ は,基本群 $\pi_1(X, x_0)$ の表現と考えられます.基本群 $\pi_1(X, x_0)$ の生成元 $L_1, L_2, \ldots, L_k$ を図 5.1 のようにとりましょう.するとそれらの間にはただ一つ

$$L_1 \cdot L_2 \cdots L_k = 1 \qquad (5.9)$$

[*1] このあたりの議論は,第 0 章における説明ではカバーされない内容を含んでいるが,複素関数論の標準的な内容に基づいている.

5.2 Rigid 局所系

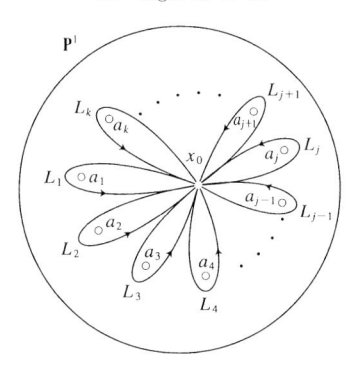

図 5.1

という関係式が成り立ちます．各 L_j に対応する表現の像となる $\mathrm{GL}(n, \mathbf{C})$ の元を A_j とおきます．すると (5.9) に対応して，

$$A_1 A_2 \cdots A_k = I_n \tag{5.10}$$

が成り立つことになります（monodromy 表現を考えるときは，反表現をだったので (5.10) の代わりに $A_k A_{k-1} \cdots A_1 = I_n$ とします）．つまり局所系 $\mathcal{F}$ は，(5.10) をみたす $\mathrm{GL}(n, \mathbf{C})$ の元の組 $(A_1, A_2, \ldots, A_k)$ により決まります．この状況を単に

$$\mathcal{F} = (A_1, A_2, \ldots, A_k)$$

のように表します．

定義 X 上の階数 n の局所系 $\mathcal{F} = (A_1, A_2, \ldots, A_k)$ が **rigid** であるとは，やはり X 上の階数 n の局所系 $\mathcal{G} = (B_1, B_2, \ldots, B_k)$ で

$$B_j = C_j A_j C_j^{-1} \qquad (1 \le j \le k)$$

となる任意のものに対し，ある $D \in \mathrm{GL}(n, \mathbf{C})$ が存在して

$$B_j = D A_j D^{-1} \qquad (1 \le j \le k)$$

となる（つまり $\mathcal{F}$ と $\mathcal{G}$ が局所系として同型となる）ことを言う．

この定義がなぜ accessory parameter を持たない方程式に対応するものであるかを説明します．Riemann scheme は，各特異点 $x = a_j$ においてどのような挙動をする解の集合があるのかを記述するものです．それは対応する Fuchs 型方程式のことばで言うと，monodromy 表現による L_j の像の共役類を指定していることになります．さてその monodromy 表現が rigid 局所系となる場合には，定義を見ると，各 L_j の像の共役類を指定するだけで局所系自体が（同型を除いて）決まってしまうということが起きるのです．そしてこれは定理 5.2.1 によれば，Fuchs 型方程式が本質的に決まってしまうということを意味するので，accessory parameter が存在しないことになります．

では $(A_1, A_2, \ldots, A_k)$ がどのような条件をみたせば，rigid 局所系を与えるのでしょうか．$A_1, A_2, \ldots, A_k$ に共通な不変部分空間が自明なもの（すなわち $\mathbf{C}^n$ 自身と $\{0\}$）に限るとき，局所系 $(A_1, A_2, \ldots, A_k)$ は**既約**であると言います．Fuchs 型方程式で言うと，より低階の方程式には帰着しない場合に相当する概念です．このとき次の定理が成り立ちます．

定理 5.2.2 階数 n の局所系 $\mathcal{F} = (A_1, A_2, \ldots, A_k)$ が既約とする．このとき，$\mathcal{F}$ が rigid であることは，

$$(2-k)n^2 + \sum_{i=1}^{k} \dim Z(A_i) = 2 \tag{5.11}$$

が成り立つことと同値である．ただしここで $Z(A_i)$ は，A_i と可換な行列全体のなす集合を表す．

(5.11) の左辺を，**rigidity 指数**と呼びます．

証明[*1)] 比較的簡単な部分のみを証明します．

まず $\mathcal{F}$ が既約なら，rigidity 指数 ≤ 2 ということが知られています．したがって，rigid であることと rigidity 指数 ≥ 2 とが同値であることを示せばよいことになります．

$W = (\mathrm{GL}(n, \mathbf{C}))^k$ とおき，写像

[*1)] [Katz, Chapter 1] による．

5.2 Rigid 局所系

$$\pi: \quad W \quad \to \quad \mathrm{SL}(n, \mathbf{C})$$
$$(C_1, \ldots, C_k) \mapsto \prod_i (C_i A_i C_i^{-1})$$

を定義します.さらに $G = \mathrm{SL}(n, \mathbf{C}) \times \prod_i Z(A_i)$ とおきます. G は写像 π の出発点 W および行き先 $\mathrm{SL}(n, \mathbf{C})$ に,次のように作用します.
$(D, Z_1, \ldots, Z_k) \in G$ とするとき,

$$W \ni (C_1, \ldots, C_k) \mapsto (DC_1 Z_1^{-1}, \ldots, DC_k Z_k^{-1}) \in W$$
$$\mathrm{SL}(n, \mathbf{C}) \ni A \mapsto DAD^{-1} \in \mathrm{SL}(n, \mathbf{C})$$

これらの作用に関して,π は G-equivariant となります.つまり W の元に π を施してから G の作用で送っても,G の同じ元による作用で送ってから π を施しても,結果が同じになります.これを見るには定義をたどればよくて,

$$\begin{aligned}
\pi((DC_1 Z_1^{-1}, \ldots, DC_k Z_k^{-1})) &= \prod_i ((DC_i Z_i^{-1}) A_i (DC_i Z_i^{-1})^{-1}) \\
&= D \prod_i (C_i Z_i^{-1} A_i Z_i C_i^{-1}) D^{-1} \\
&= D \prod_i (C_i A_i C_i^{-1}) D^{-1}
\end{aligned}$$

から分かります.また $I := I_n \in \mathrm{SL}(n, \mathbf{C})$ は G の作用の固定点(G の作用で値が変わらない点)ですので,G は $\pi^{-1}(I) \subset W$ に作用します.このことは群の作用に関する標準的な議論ですが,念のため確かめてみましょう.$w \in \pi^{-1}(I)$ とします.すなわち $w \in W$ であり,$\pi(w) = I$ が成り立つとします.任意の $g \in G$ をもってきます.g による作用を $g \cdot$ で表すことにすると,π が G-equivariant であることから,

$$\pi(g \cdot w) = g \cdot \pi(w) = g \cdot I = I$$

となり,したがって $g \cdot w \in \pi^{-1}(I)$ が示されました.

さて,

$\mathcal{F}$ が rigid

$\Longleftrightarrow \forall (C_1, \ldots, C_k) \in \pi^{-1}(I),\ \exists D \in \mathrm{SL}(n, \mathbf{C})$ s.t.
$$C_i A_i C_i^{-1} = D A_i D^{-1}$$

$\Longleftrightarrow \forall (C_1, \ldots, C_k) \in \pi^{-1}(I),\ \exists D \in \mathrm{SL}(n, \mathbf{C})$ s.t.
$$D^{-1} C_i \in Z(A_i)$$

$\Longleftrightarrow \forall (C_1, \ldots, C_k) \in \pi^{-1}(I),\ \exists D \in \mathrm{SL}(n, \mathbf{C}),\ \exists Z_i \in Z(A_i)$ s.t.
$$(C_1, \ldots, C_k) = (D Z_1^{-1}, \ldots, D Z_k^{-1})$$

$\Longleftrightarrow \forall (C_1, \ldots, C_k) \in \pi^{-1}(I),\ \exists (D, Z_1, \ldots, Z_k) \in G$ s.t.
$$(C_1, \ldots, C_k) = (D, Z_1, \ldots, Z_k) \cdot (I, \ldots, I)$$

$\Longleftrightarrow \forall (C_1, \ldots, C_k) \in \pi^{-1}(I)$ は G による $(I, \ldots, I) \in \pi^{-1}(I)$ の像

$\Longleftrightarrow G$ が $\pi^{-1}(I)$ に推移的に作用する

$\underset{*}{\Longrightarrow} \dim G \geq \dim \pi^{-1}(I)$

$\Longleftrightarrow (n^2 - 1) + \sum_i \dim Z(A_i) \geq k n^2 - (n^2 - 1)$

となります．最後の主張を示すときに，

$$\dim G = (n^2 - 1) + \sum_i \dim Z(A_i)$$

$$\dim \pi^{-1}(I) = k n^2 - (n^2 - 1)$$

を用いました．なお * の部分の逆向きの主張 $\Longleftarrow$ は，超越的な議論で示されますので，ここでは省略します．∎

完全な証明はできませんでしたが，この定理を認めると，局所系が rigid であるかどうかを調べるには行列 A に対する $Z(A)$ の次元を計算すればよいことになります．$Z(A)$ の次元は A を相似変換しても変わりませんから，A は Jordan 標準形であるとして計算すれば十分です．いくつかの場合には，次のようになっています．

5.2 Rigid 局所系

命題 5.2.1

(i) $A = \begin{pmatrix} \lambda_1 & & \\ & \ddots & \\ & & \lambda_n \end{pmatrix}$, $\lambda_i \neq \lambda_j \ (i \neq j)$ のとき, $\dim Z(A) = n$.

(ii) $A = \lambda I_n + \Lambda_n = \begin{pmatrix} \lambda & 1 & & \\ & \lambda & \ddots & \\ & & \ddots & 1 \\ & & & \lambda \end{pmatrix}$ のとき, $\dim Z(A) = n$.

(iii) $A = \begin{pmatrix} \lambda_1 I_{n_1} & & \\ & \ddots & \\ & & \lambda_p I_{n_p} \end{pmatrix}$, $\lambda_i \neq \lambda_j \ (i \neq j)$ のとき,

$$\dim Z(A) = \sum_{i=1}^{p} n_i^2.$$

問 2 命題 5.2.1 を証明せよ. それぞれの場合に, $Z(A)$ はどのような行列の集合となるか[*1].

ことばを流用して, accessory parameter を持たない微分方程式のことも rigid と呼ぶことにします. 定理 5.2.2 と命題 5.2.1 を使って, Gauss の超幾何微分方程式が rigid であることを確かめましょう. この場合 $n = 2, k = 3$ であり, A_1, A_2, A_3 とも命題 5.2.1 の (i) のタイプの Jordan 標準形を持ちますから, $\dim Z(A_i) = 2 \ (i = 1, 2, 3)$ となり, rigidity 指数は

$$(2 - 3) \times 2^2 + (2 + 2 + 2) = 2$$

となります. よって定理 5.2.2 により, Gauss の超幾何微分方程式は rigid となります.

定理 5.2.2 から簡単に分かるように, 階数 1 の局所系は必ず rigid になります. rigid な局所系はどれだけあるか, ということが問題となりますが, その完全なリストを書き下すことはできません. しかし Katz[*2]は, あらゆる既約 rigid 局

[*1] 命題 3.4.1 参照.
[*2] [Katz]

所系を，階数 1 の局所系から順次構成するアルゴリズムを提示しました．その
アルゴリズムは，middle convolution および middle tensor operation と呼ば
れる 2 種類の操作の繰り返しになっています．この 2 種類の操作の定義はなか
なか分かりにくいものでしたが，Dettweiler と Reiter は彼らの論文[*1)]の中で,
これらの操作を初等的に与え直しています．これらの結果を使うと，任意の既
約 rigid 局所系を構成することができます．そして定理 5.2.1 を勘案すると，任
意の既約 rigid な微分方程式を構成することも，原理的にはできることになり
ます．

注意 これらの rigid 局所系の構成法によると，rigid 局所系 $(A_1,\ldots,A_k)$ は,
A_i たちの固有値を用いて初等的・具体的に記述されることが分かります．対応
する微分方程式で言うと，その monodromy 表現が，特性指数を用いて初等的・
具体的に記述されるということになります．

Katz による rigid 局所系の構成はわりと最近の結果ですが，この方面の先駆
的な仕事として Okubo 理論があります．それはより具体的・構成的で，しか
も実質的に Katz の結果をカバーすることが，ごく最近示されました．この章
の始めの部分で言及した積分表示も，Okubo 理論の延長上にあります．次節以
降でこれらの結果を紹介することにします．

5.3 Okubo 型方程式

$t_1, t_2, \ldots, t_p$ を $\mathbf{P}^1 \setminus \{\infty\}$ の p 個の点，$B_1, B_2, \ldots, B_p$ を $n \times n$ 行列とする
とき，微分方程式系

$$\frac{dY}{dx} = \left(\sum_{i=1}^{p} \frac{B_i}{x - t_i}\right) Y \tag{5.12}$$

を Schlesinger 型方程式と呼びます[*2)]．(5.12) は $\mathbf{P}^1$ 上の Fuchs 型方程式であ
り，確定特異点を $t_1,\ldots,t_p$ および ∞ に持ちます．ただし

[*1)] [DR]
[*2)] 文献によっては，これを Fuchs 型方程式系 (Fuchsian system) と呼ぶものもある．

5.3 Okubo 型方程式

$$B_{p+1} := B_1 + B_2 + \cdots + B_p \tag{5.13}$$

が O に等しい場合には，∞ は確定特異点ではなくなり，通常の正則点です．

問 3 (5.12) に関する上の記述を確かめよ．

Schlesinger 型方程式は，Fuchs 型方程式の一つの標準形です．確定特異点 $x = t_i$ に対する回路行列が $\exp(2\pi\sqrt{-1}B_i)$ に相似になることが分かりますので，定理 5.2.2 を適用することで，その monodromy 表現が rigid であるかどうかが (5.12) から簡単に見て取れます．よってこのような問題を考えるときには，Schlesinger 型方程式は有用な標準形と言えます．

注意 正方行列 A に対する指数関数 $\exp A$ は，

$$\exp A = \sum_{m=0}^{\infty} \frac{A^m}{m!}$$

で定義されるものでした．この定義から，たいていの場合には $\dim Z(\exp(2\pi\sqrt{-1}A))$ と $\dim Z(A)$ が一致することが言えますが，A の固有値の間に整数差がある場合には，この二つの値に差が出ることがあります．たとえば

$$A = \begin{pmatrix} a & \\ & a+1 \end{pmatrix}$$

とすると，

$$\exp(2\pi\sqrt{-1}A) = \begin{pmatrix} e^{2\pi\sqrt{-1}a} & \\ & e^{2\pi\sqrt{-1}a} \end{pmatrix}$$

となり，$\dim Z(A) = 2$ ですが一方 $\dim Z(\exp(2\pi\sqrt{-1}A)) = 4$ となります．固有値は特性指数に相当する量で，多くの重要な例で整数差がある場合が現れるのですが，本書では記述を簡潔にするため，固有値に 0 以外の整数差がある場合は除いて考えることにします．同じ理由から，そのことをいちいち断りません．したがってたとえば「固有値は相異なる」という記述があったら，「固有値の間には整数差がない」と読みとって下さい．

次に，もう一つの標準形を与えます．T を $n \times n$ 対角行列，A を $n \times n$ 行列

とするとき,
$$(xI_n - T)\frac{dY}{dx} = AY \quad (5.14)$$
を Okubo 型方程式と呼びます.
$$T = \begin{pmatrix} t_1 I_{n_1} & & & \\ & t_2 I_{n_2} & & \\ & & \ddots & \\ & & & t_p I_{n_p} \end{pmatrix} \quad (5.15)$$

であったとすると, (5.14) は $t_1, t_2, \ldots, t_p, \infty$ を確定特異点に持つ Fuchs 型方程式になります. これは直接示すことも可能ですが, 次のようにとらえると見通しよく理解できるでしょう. 行列 A を, T に現れた分割 $(n_1, n_2, \ldots, n_p)$ に応じて, ブロック分割します.

$$A = \begin{pmatrix} A_{11} & A_{12} & \cdots & A_{1p} \\ A_{21} & A_{22} & \cdots & A_{2p} \\ \vdots & \vdots & & \vdots \\ A_{p1} & A_{p2} & \cdots & A_{pp} \end{pmatrix} \quad (5.16)$$

ここで各 A_{ij} は $n_i \times n_j$ 行列を表します. そして各 i に対し, 第 i 行ブロックだけを残してそれ以外をすべて O とおいた行列を A_i で表します. すなわち

$$A_i = {}_{i)}\begin{pmatrix} O & O & \cdots & O \\ \cdots & \cdots & & \\ A_{i1} & A_{i2} & \cdots & A_{ip} \\ \cdots & \cdots & & \\ O & O & \cdots & O \end{pmatrix} \quad (5.17)$$

とします. すると (5.14) は,
$$\frac{dY}{dx} = \left(\sum_{i=1}^{p} \frac{A_i}{x - t_i}\right) Y \quad (5.18)$$

と書き換えることができますので, Schlesinger 型方程式の特別な場合であ

ることが分かります.したがって特に, $t_1,\ldots,t_p$ が確定特異点であり,また $A_1+\cdots+A_p=A$ ということから,($A\neq O$ である限り)∞ も確定特異点となります.

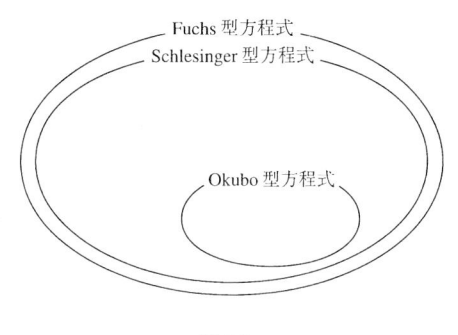

図 5.2

Okubo 型方程式の由来を,二つ挙げます.一つ目は,常微分方程式の不確定特異点における解の挙動を解析するために考案された,Birkhoff 標準形というものです.不確定度(Poincaré rank と言う)が 1 の場合の Birkhoff 標準形は

$$\frac{dW}{dz}=\left(T+\frac{B}{z}\right)W \tag{5.19}$$

という形をしていて,ここで T,B は $n\times n$ 行列で,ふつうは T が対角行列の場合を考えます.(5.19) の解 $W(z)$ に対して,その Laplace 変換

$$Y(x)=\int e^{-xz}W(z)dz$$

のみたす微分方程式は,

$$(xI_n-T)\frac{dY}{dx}=-(B+I_n)Y \tag{5.20}$$

という Okubo 型方程式になることが確かめられます.(5.19) の解の挙動を調べる問題が,Laplace 変換を通して (5.20) の接続問題に帰着されるので,(5.20) の形の方程式の解析が重要な問題と考えられていました[*1].

[*1] [B], [BJL]

二つ目の由来は超幾何微分方程式 (5.1) です．3.1 節で，命題 1.3.2 を証明した際に，超幾何微分方程式と同値な微分方程式系 (3.9) を導きました．(3.9) は

$$\left(xI_2 - \begin{pmatrix} 1 & \\ & 0 \end{pmatrix}\right)\frac{dZ}{dx} = \begin{pmatrix} \gamma - \alpha - \beta & \beta - \gamma \\ \gamma - \alpha & -\gamma \end{pmatrix} Z$$

と書き換えることができますが，これが Okubo 型方程式になっています．

Okubo は，超幾何微分方程式のような良い方程式を見つけるのにも標準形 (5.14) が有用であることに気づき，どのような場合に rigid になるか，その場合 monodromy 表現がどのように記述されるのか，といった問題に取り組んできました[*1]．

Okubo 型方程式のとりあえずの利点は，いろいろな量が見やすいことです．たとえば $x = t_i$ における回路行列 C_i については，(5.18) の通り Schlesinger 型方程式の特別な場合と見なせば，$\exp(2\pi\sqrt{-1}A_i)$ と相似になることが分かりますが，

$$A_i \sim \begin{pmatrix} O & & & & \\ & \ddots & & & \\ & & A_{ii} & & \\ & & & \ddots & \\ & & & & O \end{pmatrix} =: A'_i$$

が成り立ちますので $\exp(2\pi\sqrt{-1}A'_i)$ とも相似になり，したがってその固有値は 1 が $n - n_i$ 重にあり，残りが A_{ii} の固有値ということが分かります．このことから

$$\dim Z(C_i) = \dim Z(A_{ii}) + (n - n_i)^2$$

が従います．また $x = \infty$ における回路行列 C_∞ については，$\exp(-2\pi\sqrt{-1}A)$ と相似になります．したがって rigid 指数を，

$$(2 - (p+1))n^2 + \sum_{i=1}^{p}(\dim Z(A_{ii}) + (n - n_i)^2) + \dim Z(A)$$

$$= -n^2 + \sum_{i=1}^{p} n_i^2 + \sum_{i=1}^{p} \dim Z(A_{ii}) + \dim Z(A) \qquad (5.21)$$

[*1] [O1], [O2], [Kohno]

5.3 Okubo 型方程式

というように, T, A の形から直接計算することができます.あるいは定理 5.1.2 で与えた Fuchs の関係式については, $\sum_{i=1}^{p} \operatorname{tr} A_i = (A$ の固有値の和$)$ という関係式に相当することが分かりますが,これは行列の trace の基本的な性質に他なりません.

しかし Okubo 型方程式のより深い利点は, Euler 型の積分表示と相性が良いことにあります.その利点を生かすことで, rigid な微分方程式の解が積分表示を持つことが示されます.これについては節をあらためて紹介します.

この節の最後に, (5.21) を利用して rigid な方程式をいくつか見つけてみましょう.簡単のため, A および各 A_{ii} が対角化可能とし,さらに各 i について A_{ii} の固有値は相異なるとします. A は

$$\begin{pmatrix} \mu_1 I_{m_1} & & & \\ & \mu_2 I_{m_2} & & \\ & & \ddots & \\ & & & \mu_q I_{m_q} \end{pmatrix}, \quad \mu_i \neq \mu_j \ (i \neq j)$$

の通り対角化されるとしましょう.このときは, $\dim Z(A_{ii}) = n_i$, $\dim Z(A) = \sum_{j=1}^{q} m_j{}^2$ が成り立ちますので, rigidity 指数 (5.21) はより具体的に

$$-n^2 + \sum_{i=1}^{p} n_i{}^2 + n + \sum_{j=1}^{q} m_j{}^2 \tag{5.22}$$

となります.よって (5.22) の値が 2 に等しくなるような 2 組の n の分割 $(n_1, n_2, \ldots, n_p)$, $(m_1, m_2, \ldots, m_q)$ を見つけることで, rigid な方程式が手に入ることになります.

そのような分割の組として,たとえば

$$(1, 1, \ldots, 1), \ (n-1, 1) \tag{5.23}$$

や, n が偶数 $2m$ のときの

$$(m, m), \ (m, m-1, 1) \tag{5.24}$$

などがあります.まず (5.23) から, $(n_1, n_2, \ldots, n_p) = (1, 1, \ldots, 1), (m_1,$

$m_2, \ldots, m_q) = (n-1, 1)$ と $(n_1, n_2, \ldots, n_p) = (n-1, 1), (m_1, m_2, \ldots, m_q) = (1, 1, \ldots, 1)$ という二つの場合が得られます. 前者は

$$T = \begin{pmatrix} t_1 & & & \\ & t_2 & & \\ & & \ddots & \\ & & & t_n \end{pmatrix}, \quad A \sim \begin{pmatrix} \mu_1 I_{n-1} & \\ & \mu_2 \end{pmatrix}$$

となる Okubo 型方程式に対応し,その具体形としては

$$\left(xI_n - \begin{pmatrix} t_1 & & & \\ & t_2 & & \\ & & \ddots & \\ & & & t_n \end{pmatrix}\right) \frac{dY}{dx}$$

$$= \begin{pmatrix} a_1 & a_1 - \mu_1 & \cdots & a_1 - \mu_1 \\ a_2 - \mu_1 & a_2 & \cdots & a_2 - \mu_1 \\ \vdots & \vdots & & \vdots \\ a_n - \mu_1 & a_n - \mu_1 & \cdots & a_n \end{pmatrix} Y \qquad (5.25)$$

をとることができます.これは (2.21) で現れた Jordan-Pochhammer 方程式と同値になります. 後者は,

$$T = \begin{pmatrix} t_1 I_{n-1} & \\ & t_2 \end{pmatrix}, \quad A = \begin{pmatrix} A_{11} & A_{12} \\ A_{21} & A_{22} \end{pmatrix} \sim \begin{pmatrix} \mu_1 & & & \\ & \mu_2 & & \\ & & \ddots & \\ & & & \mu_n \end{pmatrix}$$

$$A_{11} = \begin{pmatrix} a_1 & & \\ & \ddots & \\ & & a_{n-1} \end{pmatrix}$$

という条件できまる Okubo 型方程式に対応し,その具体形として

$$\left(xI_n - \begin{pmatrix} t_1 I_{n-1} & \\ & t_2 \end{pmatrix}\right) \frac{dY}{dx} = \begin{pmatrix} a_1 & & & 1 \\ & \ddots & & \vdots \\ & & a_{n-1} & 1 \\ b_1 & \cdots & b_{n-1} & a_n \end{pmatrix} Y \qquad (5.26)$$

をとることができます．ただしここで

$$b_i = -\frac{\prod_{j=1}^{n}(a_i - \mu_j)}{\prod_{\substack{1 \le k \le n-1 \\ k \ne i}}(a_i - a_k)} \qquad (1 \le i \le n-1)$$

です．(5.26) は，(2.8) に現れた一般化超幾何級数 $_nF_{n-1}$ のみたす微分方程式に同値になります．(5.24) からも二つの rigid な Okubo 型方程式が得られますが，ここでは $(n_1, n_2, \ldots, n_p) = (m, m), (m_1, m_2, \ldots, m_q) = (m, m-1, 1)$ の場合の具体形を与えましょう．結果だけを書くと，対応する rigid な方程式が

$$\left(xI_{2m} - \begin{pmatrix} t_1 I_m & \\ & t_2 I_m \end{pmatrix}\right)\frac{dY}{dx} = \begin{pmatrix} a_1 & & & & a_{11} & \cdots & a_{1m} \\ & \ddots & & & & \vdots & & \vdots \\ & & & a_m & a_{m1} & \cdots & a_{mm} \\ b_{11} & \cdots & b_{1m} & b_1 & & & \\ \vdots & & \vdots & & \ddots & & \\ b_{m1} & \cdots & b_{mm} & & & & b_m \end{pmatrix} Y$$
(5.27)

という形で得られます．ただしここで

$$a_{ij} = (a_i - \mu_1) \prod_{\substack{1 \le k \le m \\ k \ne i}} \left(\frac{a_k + b_j - \mu_1 - \mu_2}{a_i - a_k}\right)$$

$$b_{ij} = (b_i - \mu_1) \prod_{\substack{1 \le k \le m \\ k \ne i}} \left(\frac{b_k + a_j - \mu_1 - \mu_2}{b_i - b_k}\right)$$

です．これは第 2 章で扱った古典的な文脈からは得られなかったもので，また第 3 章や第 4 章の文脈から自然に得られるものでもないようです．

(5.25)，(5.26)，(5.27) といった方程式の導き方を含むこの方向の話については，[Y1]，[H1]，[H2] などを参照して下さい．

5.4 Okubo 型方程式の拡大・縮小

Okubo 型方程式 (5.14) で，A 自身および各 A_{ii} が対角化可能な場合を，半単純と呼びます．

Yokoyama は半単純 Okubo 型方程式に対し，拡大と縮小という操作を定義し，任意の rigid な半単純 Okubo 型方程式を構成するアルゴリズムを与えました．そのアルゴリズムをたどると，そのような方程式の解が Euler 型の積分表示を持つことが示されます．さらに一般の rigid な Fuchs 型方程式を，rigid な Okubo 型方程式を経由して構成できることが分かりましたので，すべての rigid な Fuchs 型方程式が解の積分表示を持つことが示されました．これらの結果について，その概要を述べていこうと思います．詳細については [Y2], [H3] を参照して下さい．

(5.14) が半単純とすると，ある $P \in \mathrm{GL}(n, \mathbf{C})$ が存在して

$$P^{-1}AP = A' := \begin{pmatrix} \mu_1 I_{m_1} & & & \\ & \mu_2 I_{m_2} & & \\ & & \ddots & \\ & & & \mu_q I_{m_q} \end{pmatrix} \tag{5.28}$$

となります．このとき (5.14) の拡大 $\mathrm{E}_2((5.14))$ は次のように定義されます．$t_{p+1} \in \mathbf{C}$ を $t_1, \ldots, t_p$ 以外の点とし，また新たにパラメター ρ_1, ρ_2 を用意します．

$$\begin{cases} \hat{T} = \begin{pmatrix} T & \\ & t_{p+1}I_n \end{pmatrix} \\ \hat{A} = \begin{pmatrix} A & P \\ -(A'-\rho_1 I_n)(A'-\rho_2 I_n)P^{-1} & (\rho_1+\rho_2)I_n - A' \end{pmatrix} \end{cases} \tag{5.29}$$

とおくとき，$\mathrm{E}_2((5.14))$ を

$$(xI_{2n} - \hat{T})\frac{d\hat{Y}}{dx} = \hat{A}\hat{Y} \tag{5.30}$$

と定義します．(5.30) も半単純となることが示されます．

もし ρ_1 が A の固有値の一つに等しければ，(5.30) は可約になります．たとえば $\rho_1 = \mu_1$ としましょう．すると (5.30) は

$$\hat{Y} = \begin{matrix} n\{ \\ n_1\{ \\ n-n_1\{ \end{matrix} \begin{pmatrix} y_1 \\ 0 \\ y_2' \end{pmatrix}$$

5.4 Okubo 型方程式の拡大・縮小

という形の解を持つことがすぐに分かります．このとき

$$\hat{Y}' := \begin{pmatrix} y_1 \\ y_2' \end{pmatrix}$$

のみたす方程式も半単純 Okubo 型になります．これも (5.14) の拡大と呼び，$E_1((5.14))$ で表します．さらに $q \geq 3$ であり，ρ_1 も ρ_2 も A の固有値に等しい場合，たとえば $\rho_1 = \mu_1, \rho_2 = \mu_2$ とすると，(5.30) は可約で

$$\hat{Y} = \begin{matrix} n\{ \\ n_1+n_2\{ \\ n-n_1-n_2\{ \end{matrix} \begin{pmatrix} y_1 \\ 0 \\ y_2'' \end{pmatrix}$$

という形の解を持ちます．このとき

$$\hat{Y}'' := \begin{pmatrix} y_1 \\ y_2'' \end{pmatrix}$$

のみたす方程式もやはり半単純 Okubo 型となります．これも (5.14) の拡大と呼び，$E_0((5.14))$ で表します．以上の 3 種類の操作が拡大です．$E_1((5.14))$ や $E_0((5.14))$ を具体的に書き下すこともできますが，ここでは省略します．

次に (5.22) において $q = 2$ の場合，(5.14) を (5.15)，(5.16) のようにブロック分割しておいて，その第 i 行ブロックと第 i 列ブロックを取り去って得られる階数 $n - n_i$ の Okubo 型方程式のことを，(5.14) の縮小 $R((5.14))$ と呼びます．これも半単純であることが示されます．$i = p$ とした場合の $R((5.14))$ は次のようになります．

$$\begin{pmatrix} xI_{n-n_p} - \begin{pmatrix} t_1 I_{n_1} & & \\ & \ddots & \\ & & t_{p-1} I_{n_{p-1}} \end{pmatrix} \end{pmatrix} \frac{d\check{Y}}{dx}$$
$$= \begin{pmatrix} A_{11} & \cdots & A_{1,p-1} \\ \vdots & & \vdots \\ A_{p-1,1} & \cdots & A_{p-1,p-1} \end{pmatrix} \check{Y} \quad (5.31)$$

これで Yokoyama [Y2] の主定理を述べる準備ができました．

定理 5.4.1 半単純 Okubo 型方程式に対する拡大・縮小の操作によって，rigidity 指数は保たれる．さらに任意の rigid で既約な半単純 Okubo 型方程式は，階数 1 の Okubo 型方程式

$$(x-t)\frac{dy}{dx} = ay \tag{5.32}$$

に E_2, E_1, E_0, R を有限回操作することで構成できる．

定理の証明は紹介しませんが，この定理の手順によりどのように rigid な方程式が構成されていくのかを，少し見てみましょう．

$$
\begin{array}{c}
(5.32) \\
\downarrow E_2 \\
\text{Gauss} \\
\swarrow{\scriptstyle E_2} \qquad \searrow{\scriptstyle E_1} \\
\mathrm{II}_4^* \qquad\qquad\qquad \mathrm{JP}_3 \\
\downarrow R \qquad \swarrow{\scriptstyle E_1} \quad \searrow{\scriptstyle E_1} \\
{}_3F_2 \qquad \mathrm{H} \qquad \mathrm{JP}_4 \\
\swarrow{\scriptstyle E_2} \quad \searrow{\scriptstyle E_1} \qquad\qquad \downarrow E_1 \\
\mathrm{II}_6^* \qquad \mathrm{III}_5^* \qquad \mathrm{JP}_5 \\
\downarrow R \qquad \downarrow R \qquad \downarrow E_1 \\
{}_4F_3 \qquad \mathrm{II}_4 \qquad \vdots
\end{array} \tag{5.33}
$$

記号を説明します．まず E_2, E_1, E_0, R は，それぞれの段階で適用する操作を表しています．ただし定義から分かるように，E_1, E_0, R については何通りかの適用の仕方があるのですが，それは明示していません．Gauss とあるのは，Gauss の超幾何微分方程式を指します．JP_n は階数 n の Jordan-Pochhammer 方程式 (5.25) を表し，${}_nF_{n-1}$ は一般化超幾何級数のみたす方程式 (5.26) を表します．また II_4 は $n = 2m = 4$ の場合の方程式 (5.27) です．II_n^* や III_n^* については説明しませんが，[H1] に挙げた rigid な方程式のリストに対応した記号になっています．H は [H1] で扱ってない方程式なので，具体形を書いておきましょう．

$$\left(xI_5 - \begin{pmatrix} t_1 & & & \\ & t_2 & & \\ & & t_3 & \\ & & & t_4 I_2 \end{pmatrix} \right) \frac{dY}{dx} = AY \tag{5.34}$$

$$A = \begin{pmatrix} a & b+d-\mu_1-\mu_2 & c+d-\mu_1-\mu_2 & a-\mu_1 & b+d-\mu_1-\mu_2 \\ a+d-\mu_1-\mu_2 & b & c+d-\mu_1-\mu_2 & a+d-\mu_1-\mu_2 & b-\mu_1 \\ a+d-\mu_1-\mu_2 & b+d-\mu_1-\mu_2 & c & a+d-\mu_1-\mu_2 & b+d-\mu_1-\mu_2 \\ d-\mu_1 & 0 & \mu_1-d & d & 0 \\ 0 & d-\mu_1 & \mu_1-d & 0 & d \end{pmatrix}$$

なお A は，対角成分が a, b, c, d, d となることと $A \sim \begin{pmatrix} \mu_1 I_3 & \\ & \mu_2 I_2 \end{pmatrix}$ という条件をみたすように決められています．ただし $\mathrm{tr} A$ を考えて，$a + b + c + 2d = 3\mu_1 + 2\mu_2$ を課してあります．

定理 5.4.1 は方程式を順次構成する手法を与えるものですが，その解は拡大や縮小の操作でどのように移っていくのでしょうか．新しく構成された方程式の解を，もとの方程式の解を用いて解析的に表現できないでしょうか．もしそれができれば，出発点は 1 階の方程式 (5.32) で，その解は $(x - t)^a$ と具体的に書けますから，あらゆる rigid な半単純 Okubo 方程式系の解の表示が手に入ることになります．

この構想は，次のようにして実現されます．まず種の方程式として (5.14) をとります．新しい特異点 t_{p+1} とパラメター ρ_1, ρ_2 をもってきて，(5.14) をひ

ねった方程式

$$(xI_n - T')\frac{du}{dx} = (A - (\rho_1 + 1)I_n)u \tag{5.35}$$

を考えます. ただしここで

$$T' = (T - t_{p+1}I_n)^{-1}$$

としました. (5.35) の解 $u(x)$ に対し，次の偏微分方程式の特異境界値問題を考えます.

$$\begin{cases} \left[(x-y)\dfrac{\partial^2}{\partial x \partial y} - (\rho_1+1)\dfrac{\partial}{\partial x} - \rho_2\dfrac{\partial}{\partial y}\right]\hat{u} = 0 \\ \hat{u}(x,x) = u(x) \end{cases} \tag{5.36}$$

この偏微分方程式は Euler-Poisson-Darboux 方程式と呼ばれ，曲面論で使われるものです. $x = y$ に特異性を持ちますが，そこで境界値 $u(x)$ を与えているので特異境界値問題と言います. (5.36) の解は一意的で，

$$\hat{u}(x,y) = \frac{\Gamma(\rho_1 - \rho_2 + 1)}{\Gamma(\rho_1 + 1)\Gamma(-\rho_2)}\int_0^1 t^{\rho_1}(1-t)^{-\rho_2-1}u(x + (y-x)t)dt \tag{5.37}$$

という積分で与えられることが知られています[*1)].

一方, (5.36) はある Pfaff 系と同値になることが示されます. 新しい変数 $(\hat{x}, \hat{y})$ を

$$\hat{x} = \frac{1}{x} + t_{p+1}, \quad \hat{y} = \frac{1}{y} + t_{p+1}$$

で定め, $\hat{T}, \hat{A}$ を (5.29) の通りとします. このとき

$$\hat{\Omega} = (\hat{x}I_{2n} - \hat{T})^{-1}\hat{A}d\hat{x} + (\hat{A} - (\rho_1 + \rho_2)I_{2n})(\hat{y}I_{2n} - \hat{T})^{-1}d\hat{y} - \hat{A}\frac{d(\hat{x}-\hat{y})}{\hat{x}-\hat{y}} \tag{5.38}$$

とおいて, Pfaff 系

[*1)] [Darboux], [T1]

5.4 Okubo 型方程式の拡大・縮小

$$dW = \hat{\Omega} W \tag{5.39}$$

を考えます.(5.38) により,(5.39) は特異性を

$$\left(\bigcup_{i=1}^{p+1}\{\hat{x}=t_i\}\right) \cup \left(\bigcup_{i=1}^{p+1}\{\hat{y}=t_i\}\right) \cup \{\hat{x}=\hat{y}\} \cup \{\hat{y}=\infty\} \tag{5.40}$$

という場所に持ちます.

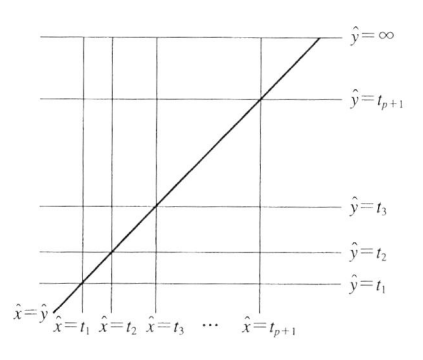

図 5.3 (5.39) の特異点集合

特異点集合 $\{\hat{x}=\hat{y}\}$ において特性指数 $-\rho_2$ を持つ (5.39) の解が n 次元線形空間をなすことが分かるのですが,それが u が (5.35) の解空間全体をわたるときの (5.36) の解の集合とほぼダイレクトに対応することが示されます.この関係を足がかりにして,(5.39) の解を

$$W(\hat{x},\hat{y}) = \int_\Delta t^{\rho_1}(1-t)^{-\rho_2-1}\hat{B}u(x+(y-x)t)dt \tag{5.41}$$

の形の積分で表すことができます.ここで $\hat{B}$ は t に関係しないある線形変換で,$\hat{B}u$ が $2n$ ベクトルとなるようなものです.

さて,$\hat{y}_0 \neq t_1,\ldots,t_{p+1}$ を任意にとり,(5.39) を $\hat{y}=\hat{y}_0$ に制限する(つまり $\hat{y}$ のところに $\hat{y}_0$ を代入する)と,適当な変数変換の後,(5.14) の拡大 (5.30) が得られることが分かります.(5.39) の解は (5.41) の通り積分表示されていましたから,このことから (5.30) の解の積分表示が得られます.

一方 (5.39) を特異点集合 $\hat{y} = t_i$ に制限してみます．その意味は，$\hat{y} = t_i$ において特異性を持たないような解だけを取り出し，それらにおいて $\hat{y} = t_i$ を代入するということです．すると今度は，(5.14) の拡大であった (5.30) の縮小 R((5.30)) が得られることが分かります．こうして縮小の解も，(5.41) から来る積分表示を持つことが示されました．

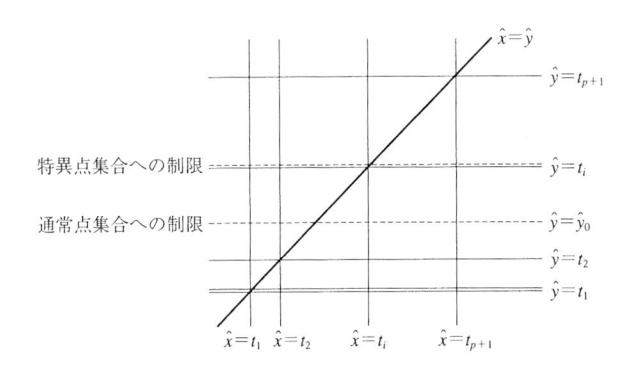

図 5.4　Pfaff 系 (5.39) の制限

以上の説明では，繁雑になることを避けて変数変換の取り方などを省略し，大まかな筋だけを述べました．結局，拡大や拡大したものの縮小として得られる方程式の解は，種となる方程式 (5.14) の解を被積分関数のうちに含むような積分表示を持つことが示されたわけです．そして一番はじめの解が $(x-t)^a$ でしたから，この手順で積み上げていって得られる積分表示は，一般に有理関数のベキ関数の積を多重積分するという形の，Euler 型になることが分かります．このことを，定理にまとめておきましょう．

定理 5.4.2　rigid で既約な半単純 Okubo 型方程式の解は，Euler 型の積分表示を持つ．

Gauss の超幾何関数の積分表示 (1.15) や $_3F_2$ の積分表示 (2.10) などは，(5.33) のルートに沿ってこの構成法を適用することで再発見されます．もちろん古典的に知られていない積分表示でも，この構成法で手に入れることができます．

5.4 Okubo 型方程式の拡大・縮小

例として (5.33) の中の II_4 と H の解の積分表示を挙げましょう．II_4 については，(5.27) の解 $Y(x)$ が

$$Y(x) = \int_\Delta \left(1 - \frac{t_2 - x}{t_2 - t_1}s_2\right)^{\mu_1} s_2^{-\mu_2}(1 - s_2)^{a_1 - \mu_1}$$
$$\times (1 - s_1 - s_2)^{\mu_1 + \mu_2 - a_1 - b_1} s_1^{a_2 + b_1 - \mu_1 - \mu_2}(1 - s_1)^{\mu_1 + \mu_2 - a_2 - b_2} \eta \tag{5.42}$$

という形の積分で表されます．ここで Δ は twisted cycle, η は twisted cocycle (局所系係数の cohomology 群の元) からなる縦 4 ベクトルで，積分変数が (s_1, s_2) です．H, すなわち (5.34) の解 $Y(x)$ については,

$$Y(x) = \int_\Delta \left(1 - \frac{t_4 - x}{t_4 - t_2}s_2\right)^{\mu_1} s_2^{-\mu_2}\left(1 - s_1 - s_2 + \frac{t_4 - t_3}{t_4 - t_2}s_1 s_2\right)^{\mu_2 - d}$$
$$\times \left(1 - \frac{t_1 - t_3}{t_1 - t_2}s_1\right)^{a + d - \mu_1 - \mu_2} s_1^{b + d - \mu_1 - \mu_2} \eta \tag{5.43}$$

という積分表示が得られます．

これらの積分表示を眺めていると，いろいろなことが思い浮かんできます．(5.42) の積分の中には積分変数の 1 次式しか現れませんでしたが，(5.43) では 2 次式が現れています．よってこれは，第 3 章で紹介した Grassmann 多様体上の超幾何関数からはみ出すものになっています．よく見ると，(5.43) は GKZ 超幾何関数の積分表示 (4.21) の形にもっていくことができます．すると一般に，rigid な Okubo 型方程式の解は，GKZ 超幾何関数となるのでしょうか．ところで Grassmann 多様体上の超幾何関数や GKZ 超幾何関数は，一般に多変数の関数として定義されました．しかるにいま我々が考えているのは，常微分方程式の解ですから，1 変数関数です．(5.43) を GKZ 超幾何関数と見なすという考察から，これらの 1 変数関数を多変数の関数に延長する可能性が見えてきます．方程式 H の変数は x ですが，(5.43) では x は t_1, t_2, t_3, t_4 と同じような形で入っており，とりたてて x のみを変数と思う理由は見受けられません．つまりこれを x, t_1, t_2, t_3, t_4 の 5 変数関数と見る方が自然です．あるいは GKZ 超幾何関数に合わせれば，$\frac{t_4 - x}{t_4 - t_2}, \frac{t_4 - t_3}{t_4 - t_2}, \frac{t_1 - t_3}{t_1 - t_2}$ の 3 変数関数と見るべきかもしれません．

このように積分表示には，他の関数との関係を明らかにするというだけでなく，それ自身を多変数化させる力が宿っているようです．

ここまでは Okubo 型方程式に限った話でした．最後に，一般の rigid な方程式について，その解の積分表示を構成する話をします．構想としては，図 5.5 のように，任意の rigid な方程式に対してある rigid な Okubo 型方程式を構成し，この対応を通して積分表示を構成しようということです．

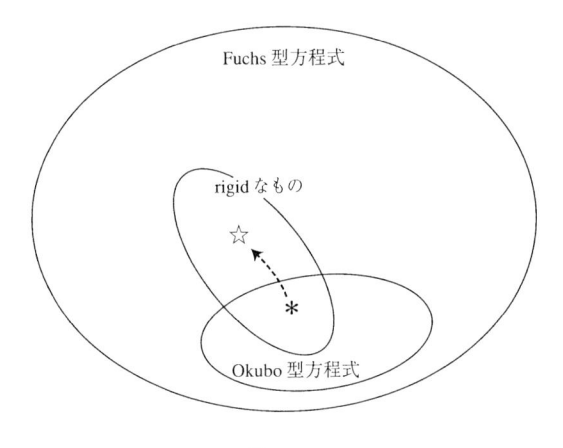

図 5.5

既約で rigid な Fuchs 型方程式は，(5.12) のような Schlesinger 型で与えられることが分かっています[*1]．とりあえずそのような方程式 (5.12) があったとしましょう．これに対して

$$\hat{B} = \begin{pmatrix} B_1 & B_2 & \cdots & B_p \\ B_1 & B_2 & \cdots & B_p \\ \vdots & \vdots & & \vdots \\ B_1 & B_2 & \cdots & B_p \end{pmatrix}, \quad \hat{T} = \begin{pmatrix} t_1 I_n & & & \\ & t_2 I_n & & \\ & & \ddots & \\ & & & t_p I_n \end{pmatrix}$$

というサイズ pn の行列を定義し，さらにパラメーター λ を一つ用意して，階数 pn の Okubo 型方程式

[*1] [K], [DR]

$$(xI_{pn} - \hat{T})\frac{d\hat{Y}}{dx} = (\hat{B} + \lambda I_{pn})\hat{Y} \tag{5.44}$$

を考えます．(5.12) が既約 rigid であれば，たいていの λ の値に対して (5.44) もそうなり，各 B_i および (5.13) で定義される B_{p+1} が対角化可能であれば，(5.44) は半単純になることが示されます．すると (5.44) は定理 5.4.1 により構成可能で，定理 5.4.2 によりその解は積分表示をもちます．そして (5.44) の解と (5.12) の解の間には，次のような関係が成り立つのです．

命題 5.4.1 $\lambda = -1$ のとき，(5.44) は可約[*1)]となり，ある正則行列 Q を用いた変換

$$\hat{Z} = Q(xI_{pn} - \hat{T})\hat{Y}$$

により

$$\frac{d\hat{Z}}{dx} = \left(\sum_{i=1}^{p} \frac{\check{B}_i}{x - t_i}\right)\hat{Z}, \hat{B}_j = \begin{pmatrix} B_j & * & \cdots & * \\ O & O & \cdots & O \\ \vdots & \vdots & & \vdots \\ O & O & \cdots & O \end{pmatrix} \tag{5.45}$$

という形の方程式にうつされる．(5.45) は

$$\hat{Z}(x) = \begin{matrix} n\{ \\ pn-n\{ \end{matrix} \begin{pmatrix} Y(x) \\ 0 \end{pmatrix}$$

という形の解を持つが，ここで $Y(x)$ は (5.12) の解となる．

この命題を用いると，パラメター λ を一般の値にしておいて定理 5.4.2 により (5.44) の解を構成し，それに対して $\lambda \to -1$ という特殊化を行うことで，(5.12) の解が得られるということになります．解の積分表示が特殊化 $\lambda \to -1$ でどう変化するかを追跡すれば，(5.12) の解の表示が得られるでしょう．この追跡を実行してみると，(5.44) の解の積分表示に現れる λ に単に -1 を代入す

[*1)] 既約でないとき可約という．今の場合は Fuchs 型方程式 (5.44) が，より低階の方程式に帰着することを意味する．

るだけでよい場合もありますが，一般には積分表示が $\lambda = -1$ において極を持つ場合が現れます．その時は留数をとることで，(5.12) の解の表示が得られることが示されます．したがって，我々は次の定理を得ることができました．

定理 5.4.3 既約 rigid な Fuchs 型方程式は，Euler 型の解の積分表示を持つ．

超幾何級数がその定義域を自らの力で広げていったように，超幾何関数の世界も自らの力でどんどん広がってきました．いろいろな方向に広がった世界たちの関係は，積分表示を通してつかむことができました．どの方向に広がっていっても同じ世界が得られたなら，それは調和のとれた美しい世界かもしれませんが，実際は広がる方向によってずれがありました．しかしこのずれは喜ぶべきことです．超幾何関数の世界が閉じた世界ではなく，これからもまだまだ広がっていく可能性を示しているのですから．

あ と が き

　本書では，超幾何関数の，誕生から現在の姿に至るまでの成長の軌跡を描きました．そして本書は，物語として自己充足的であることを目指しました．つまり，なぜこのような概念が必要なのか，なぜこんなふうに考えるのか，といったことを，引用に頼らず話の流れの中で語ろうとしました．そのかわり残念ながら，数学的に自己充足することは時として断念せざるをえませんでした．分量や仮定する予備知識の範囲という制約もありましたが，数学的に厳密・正確であろうとすると話の方向をしばし見失うのではと思われるときには，話の流れの方を重視したのです．

　その点を補うため，いくつかの分野に関する教科書をそのつど脚注などで引用しました．引用しなかったものも含めて，それらを分野に応じてまとめておきましょう．複素関数論については [木村-高野]，微積分やガンマ関数などの特殊関数については [高木]，[杉浦]，[犬井]，[WW]，微分方程式については [高野]，[福原]，[Kohno]，局所系係数の（コ）ホモロジーを含む位相幾何学については [服部]，[青本-喜多] などを参考にしてください．

　次に，各章の内容に関わる文献をいくつか取り上げましょう．

　第 2 章で紹介した Appell の超幾何級数については，[AK]，[Erdélyi] が基本的な文献でした．木村俊房氏の講義録 [Kt] においても明晰に論じられています．

　第 3 章「積分表示」に関わる基本的文献としては，[青本-喜多]，[A1]，[A2]，[G]，[GGe] を挙げました．青本和彦氏による [A1]，[A2] は長くこの方面の研究の指針であり，後に喜多通武氏との共著 [青本-喜多] に大きくまとめられましたが，現在でも依然として指針であり続けています．[A2] における接続問題など，[青本-喜多] に盛り込まれていない重要な内容もあります．[G]，[GGe] は，I. M.

Gel'fand を中心とする研究グループによる超幾何関数の研究の開始を告げる論文で，門外漢にも超幾何関数への道を開いた画期的なものです．Gel'fand らは一つの視点を提示したわけですが，その視点から様々な展開が生まれています．3.4 節で紹介した合流型超幾何関数はその一つで，その入口として [GRS], [Kh], [KHT1], [KHT2] を挙げておきます．また第 4 章のおしまいの方で少し言及した双対性についての議論も，Gel'fand らの視点に促されたものとも言えます．これについては [GGr], [青本-喜多, 第 3 章 §7], [KM] を参照してください．積分表示を支配する超平面配置の幾何学的観点から超幾何関数を研究したものとして，[OT] を挙げておきます．

第 4 章「級数展開」，つまり GKZ 超幾何関数については，本文でも引用した [GZK1], [GZK2], [GZK3], [GKZ], [GKZ-book] が原論文となります．Gel'fand らが今度は超幾何級数に新しい視点を与え，組合せ論や代数幾何学などとのつながりが生まれました．D 加群の理論を含むこの方面の勉強をするには [SST] が好著で，[大阿久]，[柏原]，[日比] も参考にされるとよいでしょう．また [T2] には GKZ 超幾何関数の優れた解説があります．

第 5 章「微分方程式」については，大久保謙二郎氏が先駆者です．その理論は [O2] にまとめられています．また大久保理論を用いた詳しい解析が [Kohno] に書かれています．しかしこの方面の研究はほかとのつながりが見えにくく，孤立していた感がありました．それを局所系の視点を用いて一挙にけりをつけたのが [Katz] で，その翼は数論にまで広がっています．その延長上にある [DR] では，Galois 理論への応用も論じられています．面白いことにほぼ同じ時期，横山利章氏が大久保理論の枠内でですが [Katz] の主結果に相当する結果を手に入れました ([Y2])．それを契機に認識が大きく進展し，ほかの超幾何関数たちとのつながりが明らかになってきたのは 5.4 節に述べたとおりです．

本書で取り上げなかった超幾何関数の側面について，二つだけ言及しておきます．

保型関数とのつながりは超幾何関数の大きな魅力です．[斎藤]（特に第 0 章）には，保型関数との関わり（Schwarz 理論）を含む古典的な超幾何関数の姿がとらえられています．Schwarz 理論については [I] に丁寧に解説されています

し，[難波] にも魅力的な解説があります．この方面の研究は数論や代数幾何学とも深く関わり，多彩な展開を見せています．[吉田] では，積分表示についての深い考察に基づいて，この世界の物語が描かれています．保型関数とのつながりから，思いもかけないような式が得られることもあります．

$$F\left(\frac{1}{12}, \frac{5}{12}; \frac{1}{2}; \frac{1323}{1331}\right) = \frac{3}{4}\sqrt[4]{11}$$

[BW] には，こういった楽しい式がいくつも載っています．

古典的な超幾何関数は，球関数という形で物理学に現れ，その延長上には表現論とのつながりがあります．表現論と超幾何関数をはじめとする特殊関数の関係は，[河添]，[VK] に見ることができます．また専門的ですが，[HO] はこの方面の一つの基盤となる文献と考えられます．

最後になりましたが，このような楽しい執筆の機会を与えていただきました野海正俊氏と日比孝之氏，草稿を読んで貴重な助言をしていただいた大学院生の豊島良君，そして楽しいわりには進まない執筆を暖かく見守っていただきました朝倉書店編集部に，心より感謝いたします．

参 考 文 献

和 書

- [青本-喜多] 青本和彦, 喜多通武「超幾何関数論」シュプリンガー・フェアラーク東京, 1994.
- [犬井] 犬井鉄郎「特殊関数」(岩波全書) 岩波書店, 1962.
- [大阿久] 大阿久俊則「D 加群と計算数学」(すうがくの風景) 朝倉書店, 2002.
- [岡本] 岡本和夫「パンルヴェ方程式序説」上智大学数学講究録, 1985.
- [柏原] 柏原正樹「代数解析概論」(岩波講座 現代数学の展開) 岩波書店, 2000.
- [河添] 河添健「群上の調和解析」(すうがくの風景) 朝倉書店, 2000.
- [木村-高野] 木村俊房, 高野恭一「関数論」(新数学講座) 朝倉書店, 1991.
- [斎藤] 斎藤利弥「線形微分方程式とフックス関数 I, II, III ― ポアンカレを読む」河合文化教育研究所, 1991, 1994, 1998.
- [杉浦] 杉浦光夫「解析入門 I, II」東京大学出版会, 1980, 1985.
- [高木] 高木貞治「解析概論」岩波書店, 1961.
- [高野] 高野恭一「常微分方程式」(新数学講座) 朝倉書店, 1994.
- [難波] 難波誠「複素関数 三幕劇」(すうがくぶっくす) 朝倉書店, 1990.
- [西本] 西本敏彦「超幾何・合流型超幾何微分方程式」共立出版, 1998.
- [服部] 服部晶夫「位相幾何学」(岩波講座 基礎数学) 岩波書店, 1991.
- [日比] 日比孝之「グレブナー基底」(すうがくの風景) 朝倉書店, 近刊.
- [福原] 福原満州雄「常微分方程式 第 2 版」(岩波全書) 岩波書店, 1980.
- [吉田] 吉田正章「私説 超幾何関数 ― 対称領域による点配置空間の一意化」(共立講座 21 世紀の数学) 共立出版, 1997.

洋 書

- [AK] P. Appell, J. Kampé de Feriet: Fonctions hypergéometriques et hypersphériques – polynômes d'Hermite, Gauthier-Villars, Paris,

1926.

[Darboux] J. G. Darboux: Leçons sur la théorie generale des surfaces, Gauthier-Villars, Paris, 1915.

[Erdélyi] A. Erdélyi (ed.): Higher transcendental functions, I, McGraw-Hill, 1953.

[GKZ-book] I. M. Gelfand, M. M. Kapranov, A. V. Zelevinsky: Discriminants, resultants, and multidimensional determinants, Birkhäuser, 1994.

[Ince] E. L. Ince: Ordinary Differential Equations, Dover, 1956.

[IKSY] K. Iwasaki, H. Kimura, S. Shimomura, M. Yoshida: From Gauss to Painlevé – A modern theory of special functions, Vieweg, 1991.

[Katz] N. M. Katz: Rigid local systems, Princeton Univ. Press, 1996.

[Kohno] M. Kohno: Global analysis in linear differential equations, Kluwer Academic Publishers, 1999.

[SST] M. Saito, B. Strumfels, N. Takayama: Gröbner deformations of hypergeometric differential equations, Springer-Verlag, 2000.

[VK] N. Ja. Vilenkin, A. U. Klimyk: Representation of Lie groups and special functions, I, II, III, Kluwer Academic Publishers, 1991, 1993, 1992.

[WW] E. T. Whittaker, G. N. Watson: A course of modern analysis, Cambridge Univ. Press, 1927.

[Yoshida] M. Yoshida: Fuchsian differential equations, Vieweg, 1987.

論文・論説・講義録

[A1] K. Aomoto: On vanishing of cohomology attached to certain many valued meromorphic functions, *J. Math. Soc. Japan*, **27** (1975), 248-255.

[A2] K. Aomoto: On the structure of integrals of power products of linear functions, *Sci. Papers, Coll. Gen. Education, Univ. of Tokyo*, **27** (1977), 49-61.

[BJL] W. Balser, W. B. Jurkat, D. A. Lutz: On the reduction of connection problems for differential equations with an irregular singular point to ones with only regular singularities, I, *SIAM J. Math.*

Anal., **12** (1981), 691-721.

[BW] F. Beukers, J. Wolfart: Algebraic values of hypergeometric functions, *in* "New advances in transcendence theory (Durham, 1986)", 68-81, Cambridge Univ. Press, 1988.

[B] G. D. Birkhoff: Singular points of ordinary linear differential equations, *Trans. Amer. Math. Soc.*, **10** (1909), 436-470.

[DR] M. Dettweiler, S. Reiter: An algorithm of Katz and its application to the inverse Galois problem, "Algorithm methods in Galois theory", *J. Symbolic Comput.*, **30** (2000), 761-798.

[G] I. M. Gel'fand: General theory of hypergeometric functions, *Soviet Math. Dokl.*, **33** (1986), 573-577.

[GGe] I. M. Gel'fand, S. I. Gel'fand: Generalized hypergeometric equations, *Soviet Math. Dokl.*, **33** (1986), 643-647.

[GGr] I. M. Gel'fand, M. I. Graev: A duality theorem for general hypergeometric functions, *Soviet Math. Dokl.*, **34** (1987), 9-13.

[GGZ] I. M. Gel'fand, M. I. Graev, A. V. Zelevinsky: Holonomic systems of equations and series of hypergeometric type, *Soviet Math. Dokl.*, **36** (1988), 5-10.

[GZK1] I. M. Gel'fand, A. V. Zelevinsky, M. M. Kapranov: Equations of hypergeometric type and Newton polyhedra, *Soviet Math. Dokl.*, **37** (1988), 678-682.

[GZK2] I. M. Gel'fand, A. V. Zelevinsky, M. M. Kapranov: Hypergeometric functions and toral manifolds, *Funk. Anal. Appl.*, **23** (1989), 94-106.

[GZK3] I. M. Gel'fand, A. V. Zelevinsky, M. M. Kapranov: A-discriminants and Cayley-Koszul complexes, *Soviet Math. Dokl.*, **40** (1990), 239-243.

[GKZ] I. M. Gel'fand, M. M. Kapranov, A. V. Zelevinsky: Generalized Euler integrals and A-hypergeometric functions, *Adv. Math.*, **84** (1990), 255-271.

[GRS] I. M. Gel'fand, V. S. Retakh, V. V. Serganova: Generalized Airy functions, Schubert cells, and Jordan groups, *Soviet Math. Dokl.*, **37** (1988), 8-12.

[H1] Y. Haraoka: Canonical forms of differential equations free from accessory parameters, *SIAM J. Math. Anal.*, **25** (1994), 1203-1226.

[H2] Y. Haraoka: Monodromy representations of systems of differential equations free from accessory parameters, *SIAM J. Math. Anal.* **25** (1994), 1595-1621.

[H3] Y. Haraoka, Integral representations of solutions of differential equations free from accessory parameters, *Adv. Math.* **169** (2002), 187-240.

[HY] Y. Haraoka, T. Yokoyama: Construction of rigid local systems and integral representations of their sections, preprint.

[HO] G. J. Heckman, E. M. Opdam: Root systems and hypergeometric functions, I; II; III; IV, *Compositio Math.*, **64** (1987), 329-352; **64** (1987), 353-373; **67** (1988), 21-49; **67** (1988), 191-209.

[I] M. Iwano: Schwarz theory, 都立大学数学教室セミナー報告, 1989.

[Kh] 木村弘信: 超幾何関数と組合せ論は関係があるか, 数学のたのしみ no.14 (1999), 17-32.

[KHT1] H. Kimura, Y. Haraoka, K. Takano: The generalized confluent hypergeometric functions, *Proc. Japan Acad.*, Ser. A, **68** (1992), 290-295.

[KHT2] H. Kimura, Y. Haraoka, K. Takano: On confluences of the general hypergeometric systems, *Proc. Japan Acad.*, Ser. A, **69** (1993), 100-104.

[Kt] T. Kimura: Hypergeometric functions of two variables, Lecture Notes, Univ. of Minnesota, 1973.

[KM] M. Kita, K. Matsumoto: Duality for hypergeometric functions and invariant Gauss-Manin systems, *Compositio Math.*, **108** (1997), 77-106.

[K] V. P. Kostov: On the Deligne-Simpson problem, *C. R. Acad. Sci. Paris*, **329** (1999), 657-662.

[N] 野海正俊: 立体行列式, 数理科学 no.382 (1995), 16-21.

[O1] K. Okubo: Connection problems for systems of linear differential equaitons, *in* "Japan-United States Seminar on Ordinary Differential Equations (Kyoto, 1971)", 238-248, Lecture Notes in Math., **243**, Springer-Verlag, 1971.

[O2] 大久保謙二郎: On the group of Fuchsian equations, 都立大学数学教室セミナー報告, 1987.

[OT] P. Orlik, H. Terao: Arrangements and hypergeometric integrals, MSJ Memoirs, **9**, Math. Soc. Japan, 2001.

[T1] N. Takayama: Propagation of singularities of solutions of the Euler-Darboux equation and a global structure of the space of holonomic solutions I, *Funk. Ekvac.*, **35** (1992), 343-403.

[T2] 高山信毅: 特殊関数と組合せ論, 数理科学 no.385 (1995), 22-28.

[Y1] T. Yokoyama: On an irreducibility condition for hypergeometric systems, *Funk. Ekvac.*, **38** (1995), 11-19.

[Y2] T. Yokoyama: Construction of systems of differential equations of Okubo normal form with rigid monodromy, preprint.

索　引

記　号

∇　99
∇_x　89
(α, n)　32, 52
$\binom{\alpha}{n}$　20
$\Gamma(\alpha)$　51
Δ　81
$\theta_j(x_1, x_2, \ldots, x_j)$　117
Λ_n　115
$\Pi_{\mathbf{Z}}(\beta, I)$　141
$\Pi_{\mathbf{Z}}^B(\beta, I)$　142
$\Pi_{\mathbf{Z}}^B(\beta, T)$　142

$Ai(x)$　81
$B(\alpha, \beta)$　53
$C(I)$　138
$C(T)$　139
$e(\alpha)$　11
e^x　3, 4
$\exp A$　166
$F(\alpha, \beta, \gamma; x)$　32
$F(\alpha, \gamma; x)$　66
$F_1(\alpha, \beta, \beta', \gamma; x, y)$　69
$F_2(\alpha, \beta, \beta', \gamma, \gamma'; x, y)$　69
$F_3(\alpha, \alpha', \beta, \beta', \gamma; x, y)$　69
$F_4(\alpha, \beta, \gamma, \gamma'; x, y)$　69
$F_D(\alpha, \beta_1, \ldots, \beta_n, \gamma; x_1, \ldots, x_n)$　75
${}_3F_2\left(\begin{smallmatrix}\alpha_1, \alpha_2, \alpha_3\\ \beta_1, \beta_2\end{smallmatrix}; x\right)$　67
${}_pF_{p-1}\left(\begin{smallmatrix}\alpha_1, \alpha_2, \ldots, \alpha_p\\ \beta_1, \ldots, \beta_{p-1}\end{smallmatrix}; x\right)$　67
$f_{pq}(x)$　54

$H_\nu(x)$　84
$H_n(x)$　82
$[ij]$　112
$J(a, n)$　116
$J_\nu(x)$　81
J_m　116
$\log x$　4
P　137
$\mathbf{P}^1$　47
T　138

数字・英文

1-chain　96

A-超幾何微分方程式系　134
accessory parameter　157
Airy 関数　81
Appell による級数　69

Bessel 関数　81
Birkhoff 標準形　168
boundary 作用素　95

Cauchy-Riemann 方程式　15
Cauchy の積分公式　19
Cauchy の積分定理　18
coboundary 作用素　99
cohomology 群　99

Euler-Poisson-Darboux 方程式　178
Euler 型積分表示　51

Euler 作用素　131

Fuchs 型　50
Fuchs の関係式　154, 155

Gauss の超幾何微分方程式　36
GKZ 超幾何関数　133
GKZ 方程式系　133
Grassmann 多様体上の超幾何関数　109

Hermite-Weber 関数　81
Hermite 多項式　82
Heun 方程式　157
homology 群　99
Horn のリスト　75

Jordan-Pochhammer 方程式　76
Jordan 群　116

Kummer の合流型超幾何級数（関数）　66
Kummer の合流型超幾何微分方程式　66

Laplace 変換　168
Laurent 多項式　145
Laurent 展開　30
Lauricella の級数　74
locally finite　97

monodromy 表現　94

Okubo 型方程式　167

Pfaff 系　72
Pochhammer の積分路　94

Radon 変換　110
Riemann scheme　50
Riemann 球面　47
Riemann 方程式　154
rigid　160, 164
rigidity 指数　162

Schlesinger 型方程式　165

T-非共鳴　142
twisted cocycle　180
twisted cycle　96

Weber の方程式　85

ア　行

相性（が良い）　142

位数　30
一致の定理　30
一般化合流型超幾何関数　119
一般化超幾何級数　67
一般の位置（にある）　103

カ　行

階数　72, 92
解析接続　22
外微分　72
回路行列　46
拡大　173, 174
確定特異点　40
可約　182
ガンマ関数　51

基　138
基本群　93
基本単体　137
既約　161
境界作用素　95
極　30
局所解　41
局所系　92

群に対する合流　124

決定方程式　41

合流　79
合流型超幾何関数　66
合流型超幾何級数　66
合流型超微分方程式　66

サ　行

三角形分割　138

指数関数　3, 166
指標　114
　――の合流　126
射影化　104
収束半径　20, 32
縮小　174

錐　138

正規形　144
正則　139
正則関数　13
積分表示　51
接続係数　50
接続問題　50
線形 Pfaff 系　72
　――の階数　72
線形全微分方程式　72
線積分　72
全微分方程式　72

双対境界作用素　99
双対局所系　99

タ　行

対数関数　4
多価関数　9, 38

多価性　10
単連結　37

中心化群　115
超幾何関数　32, 39
超幾何微分方程式　36
超平面　103

特異境界値問題　178
特性指数　41

ハ　行

半単純　172
反表現　94

表現　93

不確定特異点　40
普遍被覆面　9, 38
分岐点　8
分枝　6

閉曲線　18
ベータ関数　53

ホロノミック D 加群　138

マ　行

無限小 (infinitesimal) 版　107

ラ　行

留数　31
留数定理　31
領域　16

編集者との対話

E: 豊かな内容なので，感心しました．本書のセールスポイントをひとつ．

A: 本書を読めば「超幾何関数」の全体像が見える，というように書いたつもりです．

E: このテーマはどこが面白いのですか？

A: まず，何でもかっちりと計算できる，等号の世界であるということ，次に難しいものを使わずに——微積分，線形代数，関数論くらいで——取り組めることでしょうか．大学2,3年の知識で十分理解できるので，受け入れやすいということがあると思います．しかもそのすぐ先には，数論・表現論をはじめいろいろな世界とのつながりが待っています．

E: どうしてこのテーマをやるようになったのですか？

A: 私のまわりには超幾何関数の専門家がたくさんいて，みんな楽しそうに研究していました．うらやましく眺めていたのですが，彼らの知識の量や認識の深さに圧倒されて，手を出せずにいました．それでもいろいろなきっかけで少しずつかじっていくうちに，自分のことばで認識できるようになり，その魅力にとりつかれていったというところです．

E: 「超幾何関数」の専門家ではなかったわけですね．

A: ええ．だからこういう本を書くのはおこがましいという気持ちもあったのですが，かつて何もわからなかった人間が，「ああそういうことだったのか」といった経験を積み重ねて手に入れた内容を書いたものなので，読者にはかえって分かりやすいのではないかと思いました．

E: 執筆で苦労した点はどこですか？

A: 執筆期間が長くなってしまったので，推理小説のようにいろいろ伏線を張っ

ておいたところが，ちゃんとつながっているのか，確かめるのに苦労しました．また第5章は，すべての説明や計算方法をきちんと書くと必要以上にうっとうしくなりそうだったので，いくつかの箇所では道筋を示すだけで留めざるを得ませんでした．したがって計算を完全には追跡できないかもしれません．引用している論文を参照していただければよいのですが．

E: 第5章は独壇場ですね．

A: 得られたばかりの新しい結果も盛り込んでいます．また第3章の最後に書いた「合流」については，木村（弘信）さんがエキスパートなのですが，これも本としては初めて取り上げた内容と思います．

E: どこまで読めば「超幾何関数」がわかりますか？

A: とりあえず第2章までで，古典的な（主に1変数の）超幾何関数についてはつかまえられると思います．第3, 4, 5章は，Gel'fand 以降の展開です．Gel'fand の超幾何関数の理論の影響は圧倒的で，それまでプロの世界であった超幾何関数を，分野外の人にも開放したと言えると思います．

E: 第3, 4章は多変数の超幾何関数ですね．ところがまた第5章では1変数に戻るようなのですが．

A: そうです．ふつうに考えれば，多変数の超幾何関数を定める偏微分方程式系を扱うのが自然のように思えますが，それでは非常に窮屈になってしまう．そこでのびのびといろんなことができる常微分方程式の範疇で理論を作り上げると，その解が積分表示を持つことがわかる，そしてその積分表示を眺めると，それは自然に多変数の超幾何関数と見なすことができる，というのが構想です．

E: なるほど．ところで第0章は独特の関数論入門になっていますね．

A: このシリーズの趣旨によると，微積分と線形代数の知識だけで読めるように書かなければいけなかったのですが，超幾何関数の本質は解析接続で，関数論を使わずには核心を書くことができませんでした．そこで関数論を知らない人も読めるよう，関数論の内容をざっと勉強するところを設けました．

E: 青本さん，喜多さんの『超幾何関数論』や吉田さんの『私説超幾何関数』など，超幾何関数の本がいろいろ出されていますが．

A: この2冊は，それぞれの著者の思想に貫かれて書かれた個性的な本だと思います．それに比べて私の本は，ニュートラルであると思います．そして多分，

読みやすい（笑）．また吉田さんの本などではサイクルの変形で monodromy を計算していますが，本書では Cauchy の積分定理の帰結として接続関係を導き，monodromy はそれをもとに計算する，というやり方をしています．

E: その方が標準的ですね．解析的センスで読める．本書以上となると，各論になりますね．

A: 本書の一歩先は，もう研究のスタートラインです．もちろん実際に研究を行うにはさらにいろいろ勉強しなくてはならないでしょうが，研究に向けてのイメージは獲得していただけるのではないかと思います．

著者略歴

原岡　喜重（はらおか　よししげ）

1957年　北海道に生まれる
1988年　東京大学大学院理学系研究科
　　　　博士課程（数学専攻）修了
現　在　熊本大学理学部教授
　　　　理学博士

すうがくの風景7
超幾何関数　　　　　　　　定価はカバーに表示

2002年10月25日　初版第1刷
2021年 1月25日　　第14刷

著　者　原　岡　喜　重
発行者　朝　倉　誠　造
発行所　株式会社　朝　倉　書　店
　　　　東京都新宿区新小川町6-29
　　　　郵便番号　１６２-８７０７
　　　　電　話　03(3260)0141
　　　　ＦＡＸ　03(3260)0180
　　　　http://www.asakura.co.jp

〈検印省略〉

Ⓒ 2002〈無断複写・転載を禁ず〉　　　三美印刷・渡辺製本

ISBN978-4-254-11557-4　C3341　　　Printed in Japan

JCOPY ＜出版者著作権管理機構　委託出版物＞

本書の無断複写は著作権法上での例外を除き禁じられています．複写される場合は，そのつど事前に，出版者著作権管理機構（電話 03-5244-5088, FAX 03-5244-5089, e-mail: info@jcopy.or.jp）の許諾を得てください．

好評の事典・辞典・ハンドブック

数学オリンピック事典	野口 廣 監修	B5判 864頁
コンピュータ代数ハンドブック	山本 慎ほか 訳	A5判 1040頁
和算の事典	山司勝則ほか 編	A5判 544頁
朝倉 数学ハンドブック［基礎編］	飯高 茂ほか 編	A5判 816頁
数学定数事典	一松 信 監訳	A5判 608頁
素数全書	和田秀男 監訳	A5判 640頁
数論＜未解決問題＞の事典	金光 滋 訳	A5判 448頁
数理統計学ハンドブック	豊田秀樹 監訳	A5判 784頁
統計データ科学事典	杉山高一ほか 編	B5判 788頁
統計分布ハンドブック（増補版）	蓑谷千凰彦 著	A5判 864頁
複雑系の事典	複雑系の事典編集委員会 編	A5判 448頁
医学統計学ハンドブック	宮原英夫ほか 編	A5判 720頁
応用数理計画ハンドブック	久保幹雄ほか 編	A5判 1376頁
医学統計学の事典	丹後俊郎ほか 編	A5判 472頁
現代物理数学ハンドブック	新井朝雄 著	A5判 736頁
図説ウェーブレット変換ハンドブック	新 誠一ほか 監訳	A5判 408頁
生産管理の事典	圓川隆夫ほか 編	B5判 752頁
サプライ・チェイン最適化ハンドブック	久保幹雄 著	B5判 520頁
計量経済学ハンドブック	蓑谷千凰彦ほか 編	A5判 1048頁
金融工学事典	木島正明ほか 編	A5判 1028頁
応用計量経済学ハンドブック	蓑谷千凰彦ほか 編	A5判 672頁

価格・概要等は小社ホームページをご覧ください．